高等学校信息技术类新方向新动能新形态系列规划教材

教育部高等学校计算机类专业教学指导委员会－Arm 中国产学合作项目成果

Arm 中国教育计划官方指定教材

arm 中国

深度学习

——原理、模型与实践

邓建华 / 主编

范满平 易黎 冯月 俞泉泉 / 副主编

人民邮电出版社

北京

图书在版编目（C I P）数据

深度学习 : 原理、模型与实践 / 邓建华主编. -- 北京 : 人民邮电出版社, 2021.11
高等学校信息技术类新方向新动能新形态系列规划教材
ISBN 978-7-115-56510-5

Ⅰ. ①深… Ⅱ. ①邓… Ⅲ. ①机器学习－高等学校－教材 Ⅳ. ①TP181

中国版本图书馆CIP数据核字(2021)第085975号

内 容 提 要

本书是深度学习领域的入门教材，全面阐述了深度学习的知识体系，涵盖人工智能的基础知识及深度学习的基本原理、模型、方法和实践案例，使读者掌握深度学习的相关知识，提高利用深度学习方法解决实际问题的能力．全书内容包括人工智能基础、机器学习基础、深度学习主要框架、深度神经网络、卷积神经网络、循环神经网络、自编码器与生成对抗网络．

本书可作为高等院校人工智能、计算机、自动化、电子与通信等相关专业的本科生或研究生教材，也可作为相关领域的研究人员和工程技术人员的参考书．

◆ 主　　编　邓建华
　副 主 编　范满平　易　黎　冯　月　俞泉泉
　责任编辑　邹文波
　责任印制　王　郁　马振武
◆ 人民邮电出版社出版发行　　北京市丰台区成寿寺路 11 号
　邮编　100164　电子邮件　315@ptpress.com.cn
　网址　https://www.ptpress.com.cn
　北京盛通印刷股份有限公司印刷
◆ 开本：787×1092　1/16
　印张：11.5　　　　　　2021 年 11 月第 1 版
　字数：268 千字　　　　2024 年 12 月北京第 4 次印刷

定价：59.80 元

读者服务热线：(010)81055256　印装质量热线：(010)81055316
反盗版热线：(010)81055315
广告经营许可证：京东市监广登字 20170147 号

编委会

序一

拥抱万亿智能互联未来

在生命刚刚起源的时候，一些最最古老的生物就已经拥有了感知外部世界的能力。例如，很多原生单细胞生物能够感受周围的化学物质，对葡萄糖等分子有趋化行为；并且很多原生单细胞生物还能够感知周围的光线。然而，在生物开始形成大脑之前，这种对外部世界的感知更像是一种“反射”。随着生物的大脑在漫长的进化过程中不断发展，或者说直到人类出现，各种感知才真正变得“智能”，通过感知收集的关于外部世界的信息开始经过大脑的分析作用于生物本身的生存和发展。简而言之，是大脑让感知变得真正有意义。

这是自然进化的规律和结果。有幸的是，我们正在见证一场类似的技术变革。

过去十年，物联网技术和应用得到了突飞猛进的发展，物联网技术也被普遍认为将是下一种给人类生活带来颠覆性变革的技术。物联网设备通常具有通过各种不同类别的传感器收集数据的能力，就好像赋予了各种机器类似生命感知的能力，由此促成了整个世界数据化的实现。而伴随着 5G 的成熟和即将到来的商业化，物联网设备所收集的数据也将拥有一个全新的、高速的传输渠道。但是，就像生物的感知在没有大脑时只是一种“反射”一样，这些没有经过任何处理的数据的收集和传输并不能带来真正进化意义上的突变，甚至非常可能在物联网设备数量以几何级数增长以及巨量数据传输的情况下，造成 5G 网络等传输网络拥堵甚至瘫痪。

如何应对这个挑战？如何赋予物联网设备所具备的感知能力以“智能”？我们的答案是：人工智能技术。

人工智能技术并不是一个新生事物，它在最近几年引起全球性关注并得到飞速发展的主要原因，在于它的三个基本要素（算法、数据、算力）的迅猛发展，其中又以数据和算力的发展尤为重要。物联网技术和应用的蓬勃发展使得数据累计的难度越来越低；而芯片算力的不断提升使得过去只能通过云计算才能完成的人工智能运算现在已经可以下沉到最普通的设备之上完成。这使得在端侧实现人工智能功能的难度和成本都得以大幅降低，从而让物联网设备拥有“智能”的感知能力变得真正可行。

物联网技术为机器带来了感知能力，而人工智能则通过计算算力为机器带来了决策能力。二者的结合，正如感知和大脑对自然生命进化所起到的必然性决定作用，其趋势将无可阻挡，并且必将为人类生活带来巨大变革。

未来十五年，或许是这场变革最最关键的阶段。业界预测到 2035 年，将有超过一万亿个智能设备实现互联。这一万亿个互联的智能设备将具有极大的多样性，它们共同构成了一个极端多样化的计算世界。而能够支撑起这样一个设备数量庞大、极端多样化的智能物联网世界的技术基础，就是 Arm。正是在这样的背景下，Arm 中国立足中国，依托全球最大的 Arm 技术生态，全力打造先进的人工智能物联网技术和解决方案，立志成为中国智能科技生态的领航者。

万亿智能互联最终还是需要通过人来实现，具备人工智能物联网 AIoT 相关知识的人才，在今后将会有更广阔的发展前景。如何为中国培养这样的人才，解决目前人才短缺的问题，也正是我们一直关心的。通过和专业人士的沟通发现，教材是解决问题的突破口，一套高质量、体系化的教材，将起到事半功倍的效果，能让更多的人成长为智能互联领域的人才。此次，在教育部计算机类专业教学指导委员会的指导下，Arm 中国能联合人民邮电出版社来一起打造这套智能互联丛书——高等学校信息技术类新方向新动能新形态系列规划教材，感到非常的荣幸。我们期望借此宝贵机会，和广大读者分享我们在 AIoT 领域的一些收获、心得以及发现的问题；同时渗透并融合中国智能类专业的人才培养要求，既反映当前最新技术成果，又体现产学合作新成果。希望这套丛书能够帮助读者解决在学习和工作中遇到的困难，为读者提供更多的启发和帮助。

荀子曾经说过：“不积跬步，无以至千里。”这套丛书可能只是帮助读者在学习中跨出一小步，但是我们期待着各位读者能在此基础上励志前行，找到自己的成功之路。

安谋科技（中国）有限公司执行董事长兼 CEO　吴雄昂

2019 年 5 月

序二

PREFACE

人工智能是引领未来发展的战略性技术，是新一轮科技革命和产业变革的重要驱动力量，将深刻地改变人类社会生活、改变世界。促进人工智能和实体经济的深度融合，构建数据驱动、人机协同、跨界融合、共创分享的智能经济形态，更是推动质量变革、效率变革、动力变革的重要途径。

近几年来，我国人工智能新技术、新产品、新业态持续涌现，与农业、制造业、服务业等各行业的融合步伐明显加快，在技术创新、应用推广、产业发展等方面成效初显。但是，我国人工智能专业人才储备严重不足，人工智能人才缺口大，结构性矛盾突出，具有国际化视野、专业学科背景、产学研用能力贯通的领军型人才、基础科研人才、应用人才极其匮乏。为此，2018 年 4 月，教育部印发了《高等学校人工智能创新行动计划》，旨在引导高校瞄准世界科技前沿，强化基础研究，实现前瞻性基础研究和引领性原创成果的重大突破，进一步提升高校人工智能领域科技创新、人才培养和服务国家需求的能力。由人民邮电出版社和 Arm 中国联合推出的“高等学校信息技术类新方向新动能新形态系列规划教材”旨在贯彻落实《高等学校人工智能创新行动计划》，以加快我国人工智能领域科技成果及产业进展向教育教学转化为目标，不断完善我国人工智能领域人才培养体系和人工智能教材建设体系。

“高等学校信息技术类新方向新动能新形态系列规划教材”包含 AI 和 AIoT 两大核心模块。其中，AI 模块涉及人工智能导论、脑科学导论、大数据导论、计算智能、自然语言处理、计算机视觉、机器学习、深度学习、知识图谱、GPU 编程、智能机器人等人工智能基础理论和核心技术；AIoT 模块涉及物联网概论、嵌入式系统导论、物联网通信技术、RFID 原理及应用、窄带物联网原理及应用、工业物联网技术、智慧交通信息服务系统、智能家居设计、智能嵌入式系统开发、物联网智能控制、物联网信息安全与隐私保护等智能互联应用技术及原理。

综合来看，“高等学校信息技术类新方向新动能新形态系列规划教材”具有三方面突出亮点。

第一，编写团队和编写过程充分体现了教育部深入推进产学合作协同育人项目的思想，既反映最新技术成果，又体现产学合作成果。在贯彻国家人工智能发展战略要求的基础上，以“共搭平台、共建团队、整体策划、共筑资源、生态优化”的全新模式，打造人工智能专业建设和人工智能人才培养系列出版物。知名半导体知识产权（IP）提供商 Arm 中国在教材编写方面给予了全面支持。丛书主要编委来自清华大学、北京大学、北京航空航天大学、北京邮电大学、南开大学、哈尔滨工业大学、同济大学、武汉大学、西安交通大学、西安电子科技大学、南京大学、南京邮电大学、厦门大学等众多国内知名高校人工智能教育领域。

从结果来看，“高等学校信息技术类新方向新动能新形态系列规划教材”的编写紧密结合了教育部关于高等教育“新工科”建设方针和推进产学合作协同育人思想，将人工智能、物联网、嵌入式、计算机等专业的人才培养要求融入了教材内容和教学过程。

第二，以产业和技术发展的最新需求推动高校人才培养改革，将人工智能基础理论与产业界最新实践融为一体。众所周知，Arm公司作为全球最核心、最重要的半导体知识产权提供商，其产品广泛应用于移动通信、移动办公、智能传感、穿戴式设备、物联网，以及数据中心、大数据管理、云计算、人工智能等各个领域，相关市场占有率在全世界范围内达到90%以上。Arm技术被合作伙伴广泛应用在芯片、模块模组、软件解决方案、整机制造、应用开发和云服务等人工智能产业生态的各个领域，为教材编写注入了教育领域的研究成果和行业标杆企业的宝贵经验。同时，作为Arm中国协同育人项目的重要成果之一，“高等学校信息技术类新方向新动能新形态系列规划教材”的推出，将高等教育机构与丰富的Arm产品联系起来，通过将Arm技术用于教育领域，为教育工作者、学生和研究人员提供教学资料、硬件平台、软件开发工具、IP和资源，未来有望基于本套丛书，实现人工智能相关领域的课程及教材体系化建设。

第三，教学模式和学习形式丰富。“高等学校信息技术类新方向新动能新形态系列规划教材”提供丰富的线上线下教学资源，更适应现代教学需求，学生和读者可以通过扫描二维码或登录资源平台的方式获得教学辅助资料，进行书网互动、移动学习、翻转课堂学习等。同时，“高等学校信息技术类新方向新动能新形态系列规划教材”配套提供了多媒体课件、源代码、教学大纲、电子教案、实验实训等教学辅助资源，便于教师教学和学生学习，辅助提升教学效果。

希望“高等学校信息技术类新方向新动能新形态系列规划教材”的出版能够加快人工智能领域科技成果和资源向教育教学转化，推动人工智能重要方向的教材体系和在线课程建设，特别是人工智能导论、机器学习、计算智能、计算机视觉、知识工程、自然语言处理、人工智能产业应用等主干课程的建设。希望基于“高等学校信息技术类新方向新动能新形态系列规划教材”的编写和出版，能够加速建设一批具有国际一流水平的本科生、研究生教材和国家级精品在线课程，并将人工智能纳入大学计算机基础教学内容，为我国人工智能产业发展打造多层次的创新人才队伍。

教育部人工智能科技创新专家组专家
教育部科技委学部委员
IEEE/IET/CAAI Fellow
中国人工智能学会副理事长

焦李成
2019年6月

前言

FOREWORD

如今，人工智能成了一个众所周知的名词，以深度学习为核心的人脸识别、语音识别、语音合成、车牌识别等人工智能技术在我们的日常生活中已经得到广泛应用，并展现出强大的魅力. 人工智能是涵盖了计算机科学、统计学、脑神经学、信息论、语言学、控制学、社会科学等诸多领域的交叉学科. 对于想进入人工智能领域的初学者而言，其涉及的知识非常多而且杂乱，往往令人望而却步；而对教学者而言，如果没有一本系统性地介绍深度学习的教材，想讲好深度学习也并不是一件容易的事情. 因此，编者感到确实需要编著一本面向在校学生和相关领域研究人员的、有关深度学习的专业教材.

目前，市面上有关深度学习的书各有特色，有的侧重于模型的推导与解释，有的侧重于算法的实现，而教材则需要相对完整的知识体系，包括基础知识、基本概念、原理、模型、算法及经典实践案例等，以达到让读者“知其然”和“知其所以然”的目的. 编者结合这几年的教学和实践经验，对深度学习的相关知识进行梳理、归纳和总结，一方面提高自身的教学水平，另一方面也希望能够给读者提供一本入门级的深度学习教材.

本书理论与实践并重，共 7 章，具体内容如下.

第 1 章“人工智能基础”，主要介绍人工智能的基本概念、层次结构、典型事件以及相关数学基础等.

第 2 章“机器学习基础”，主要介绍机器学习的基本概念，包括机器学习的分类、常用损失函数、模型的评估与选择等.

第 3 章“深度学习主要框架”，主要介绍 TensorFlow 框架的基本原理与使用方法.

第 4 章“深度神经网络”，主要介绍深度神经网络的基本概念、网络结构设计、前向传播算法、反向传播算法、常用的优化算法以及常用的正则化方法等.

第 5 章“卷积神经网络”，主要介绍卷积神经网络的基本概念和基本结构，包括卷积层、池化层和全连接层，同时介绍几种经典的卷积神经网络结构和相关案例应用.

第 6 章“循环神经网络”，主要介绍循环神经网络的基本概念、简单循环神经网络、双向循环神经网络、编码-解码结构、长短期记忆网络等.

第 7 章“自编码器与生成对抗网络”，主要介绍自编码器和生成对抗网络的基本原理和网络结构.

本书结构合理、案例丰富、实用性强，可作为高等院校信息类专业的本科生和研究生的教材，也可以作为从事深度学习开发工作的科技人员的参考书.

本书由邓建华担任主编，范满平、易黎、冯月、俞泉泉担任副主编. 其中，第 1 章、第 2 章由范满平编写，第 3 章由冯月编写，第 4 章、第 5 章由易黎编写，第 6 章、第 7 章由邓建华编写，全书由邓建华统稿，俞泉泉协助. 在本书的编写过程中得到了余坤、常为弘、肖正欣、钱璨、俞婷、魏傲寒、陈翔、罗凌云等同学的大力支持，在此表示感谢. 本书参考了大量的文献和网络资料，在此也向各位作者表示衷心的感谢.

由于编者水平有限，书中难免存在不妥之处，恳请读者批评指正，多提宝贵意见.

编者邮箱：jianhua.deng@uestc.edu.cn

编者

2021 年 5 月

目录

CONTENTS

01

人工智能基础

02

机器学习基础

03

深度学习主要框架

04

深度神经网络

05

卷积神经网络

06

循环神经网络

07

自编码器与生成对抗网络

01 chapter 人工智能基础

如今，人工智能成了一个众所周知的名词，那么到底什么是人工智能？人工智能又是如何实现的呢？实现人工智能的主要方式之一是机器学习，而机器学习算法涉及大量的数学知识．因此，1.1 节介绍人工智能的基本概念、层次结构以及典型事件；1.2 节介绍人工智能的数学基础，主要结合高等数学、线性代数和概率论等相关内容总结出一些在算法学习过程中必备的数学知识．对于这些知识，本书不做详细的推导与证明，主要介绍结论及其在人工智能中的简单应用．通过对本章的学习，读者能够了解人工智能的基本概念，以及各层次结构之间的关系，初步掌握利用数学工具解决算法问题的求解思路．

1.1 人工智能概述

随着阿尔法（AlphaGo）围棋机器人先后打败李世石和柯洁等世界顶尖棋手，人工智能（Artificial Intelligence，AI）成了最“火热”的词语之一，各行各业开始全面“拥抱”人工智能. 而在这之前，公众对人工智能的印象可能还只停留在电影中的智能机器人. 自 1956 年在达特茅斯夏季人工智能研究会上人工智能的概念被第一次提出，人工智能技术的发展已经走过了 60 多年的历程，也先后经历了三次兴起和两次低谷.

人工智能的第三次兴起，得益于我们拥有海量的数据、计算能力强大的硬件以及更先进的算法. 特别是在 2006 年深度学习（Deep Learning，DL）基本理论得到验证以后，人工智能在计算机视觉（Computer Vision，CV）、语音信号处理（Speech Signal Processing）、自然语言处理（Natural Language Processing，NLP）等领域取得了突破性的进展，并在制造、交通、安防、医疗、金融和娱乐等行业得到了广泛的应用. 虽然我们还处在人工智能发展的初级阶段，但是人脸识别、机器翻译、自动驾驶等人工智能技术已经出现并逐渐进入我们的日常生活.

那么什么是人工智能呢？一般认为，人工智能是研究、开发用于模拟、延伸和拓展人类智能的理论、方法、技术与应用的一门科学. 它涵盖了计算机科学、统计学、脑神经学、信息论、语言学、控制学、社会科学等诸多领域，是一门交叉学科. 人们希望通过对人工智能的研究，能将它用于模拟和拓展人的智能，辅助甚至代替人们完成各种工作，包括感知、认知、决策、执行与交互等. 例如，在智能医疗系统中，我们首先需要对病人的各种生理指标数据、病理图片进行分析与识别（感知），并且采用自然语言处理技术得到辅助诊疗的诊断结果（认知），然后通过医疗机器人完成相应的手术（决策与执行），同时在手术过程中医生可以和机器人完成远程交互. 因此，从产业应用的角度来说，人工智能是通过研究人类智能活动的规律，构造出来的具有一定智能的人工系统.

1.1.1 人工智能的层次结构

综上所述，人工智能是采用多种技术及软/硬件设备构造的具有一定智能的人工系统. 经过多年的发展，人工智能已经进入一个崭新的历史时期. 新一代人工智能的特点可以概括为：从原有的中央处理器（Central Processing Unit，CPU）架构，转变为图形处理器（Graphics Processing Unit，GPU）并行运算架构；从单一算法驱动，转变为数据、运算力、算法的复合驱动；从封闭的单机系统，转变为快捷、灵活的开源框架；从学术研究探索导向，转变为快速迭代的实践应用导向. 因此，从技术实现和产业应用的角度出发，我们可以把人工智能分为基础支撑层、技术驱动层和应用层 3 个层次，如图 1-1 所示.

1. 基础支撑层

人工智能能够兴起，数据的“爆发式”增长功不可没. 海量的训练数据是人工智能发展的重要基础，仅在图像方面就有多个专业的、包含海量数据的数据集. MNIST 是一个手写数字数据集，它有 6 万个训练样本和 1 万个测试样本，每幅样本图像的尺寸为 28 像素×28 像素；ImageNet 数据集有 1400 多万幅图像，涵盖 2 万多个类别，其中超过 100 万的图像有明确的类别标注和图像中物体位置的标注；COCO 是一个新的图像识别、分割和语义数据集，对于图像的标注信息不仅有图像的类别、位置信息，还有对图像的语义文本描述，有超过 30 万幅图像，80 个对象类别，每幅图像有 5 种标签类型；PASCAL VOC 数据集包括 20 种分类，包括人类、动物（鸟、猫、牛、狗、马、羊）、交通工具（飞机、自行车、船、公共汽车、小轿车、摩托车、火车）、物品（瓶子、椅子、餐桌、盆栽植物、沙发、电视）等；TIMIT 数据集是由美国德州仪器（Texas Instruments，TI）公司、麻省理工学院（Massachusetts Institute of Technology，MIT）和斯坦福国际研究院（Stanford Research Institute International，SRI International）合作构建的连续语音语料库，TIMIT 数据集的语音采样频率为 16kHz，一共包含 6300 个句子，由来自美国 8 个主要方言地区的 630 个人每人说出给定的 10 个句子，对所有的句子都在音素级别上进行了手动分割和标记. 正是因为有了这些大规模、类型丰富的数字、文本、图像以及声音等数据，人工智能的模型效果才得以显著提升，并且在众多行业中得到广泛应用.

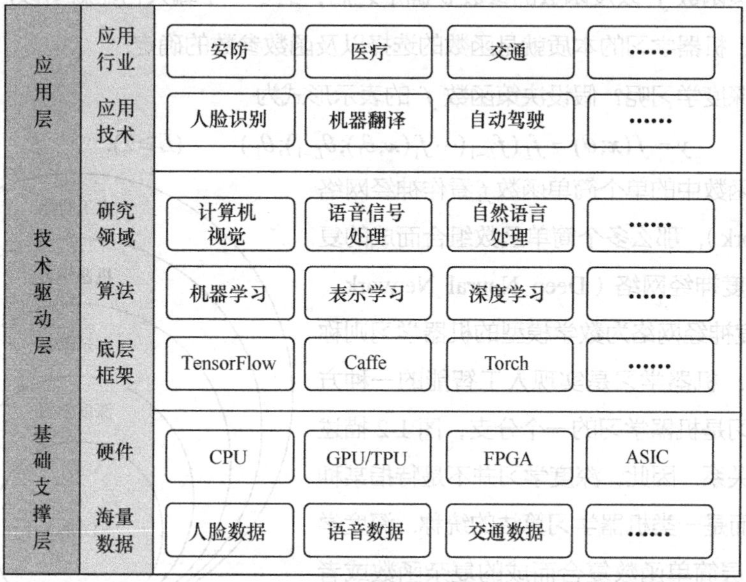

图 1-1　人工智能的层次结构

在人工智能领域，传统的 CPU 芯片大部分面积都被控制单元与缓存单元所占，只有少量的计算单元，其计算架构已无法支撑深度学习等大规模并行计算的需求，因此需要新的底层硬件来更好地存储数据、加速并行计算过程. 基础支撑层主要以硬件为核心，其中包括擅长并行计算的 GPU、拥有良好运行能效比的现场可编程门阵列（Field-Programmable Gate Array，FPGA）和专用集成电路（Application Specific Integrated Circuit，ASIC），以及专门用于张量计算的张量处理器（Tensor Processing Unit，TPU）等，这些是支撑人工智能应用的前提和基础.

2. 技术驱动层

技术驱动层是人工智能发展的关键，对应用层产品的智能化程度起到决定性作用. 技术驱动层主要依托基础支撑层的硬件运算平台和数据资源，研究面向不同领域的知识理论体系，在相应底层框架基础上，选用不同的学习算法并构建相应的模型. 在底层框架方面，比较流行的深度学习框架主要包括 TensorFlow、Caffe、Torch、Theano、MXNet、Keras 和 PyTorch 等. 而计算机视觉、语音信号处理和自然语言处理是人工智能发展过程中取得重大突破和应用最为广泛的几个研究领域.

说到算法层面，我们必须明白几个基本的概念：机器学习（Machine Learning，ML）、表示学习（Representation Learning，RL）和深度学习.

机器学习，顾名思义就是研究如何使用计算机来模拟人类学习活动的一门学科，能让计算机通过算法具有类似人的学习能力，像人一样能够从实例中学到经验和知识，从而具备判断和预测的能力. 学习的目的在于学到一个由输入到输出的映射，简称模型. 模型可以是概率模型或非概率模型，用条件概率分布函数或决策函数来表示. 以决策函数为例，机器学习算法需要确定一个函数 f 以及函数的参数 θ，得到 $y=f(\boldsymbol{x};\theta)$，其中向量 $\boldsymbol{x}$ 为函数的输入，y 为函数的输出. 当决策函数 f 以及函数的参数 θ 确定之后，给定一个输入自然就可以产生一个固定的输出. 所以，机器学习的本质就是函数的选择以及函数参数的确定.

那么何为深度学习呢？假设决策函数 f 的表示形式为

$$y=f(\boldsymbol{x};\theta)=f_L(f_{L-1}(\cdots f_1(\boldsymbol{x};\theta_1);\theta_{L-1});\theta_L) \qquad (L\geqslant 2).$$

若将决策函数中的单个简单函数 f_i 看作神经网络（Neural Network），那么多个简单函数组合而成的复杂函数则为深度神经网络（Deep Neural Network，DNN）. 以深度神经网络为数学模型的机器学习则称之为深度学习. 机器学习是实现人工智能的一种方式，而深度学习是机器学习的一个分支，图 1-2 描述了它们之间的关系. 因此，深度学习并不是特指某种具体的算法，而是一类机器学习算法的统称. 深度学习的本质是多层简单函数复合而成的复杂函数或者说是多层结构模块，最显著的特点是输入数据无须使用人工设计的特征，而是直接采用端到端的设计架构，即直接输入原始数据（如声音或图像等），就可以输出所需的结果. 所以，我们把需要将人工设计的特征作为原始输入的机器学习算法又称为浅层机器学习算法.

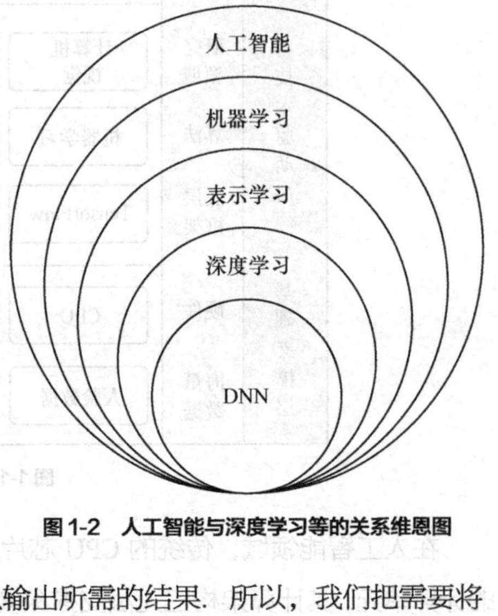

图 1-2 人工智能与深度学习等的关系维恩图

那么何为特征呢？简单而言，特征就是区别于其他事物的特点，用于描述事物的相关信息，同时需要人工进行设计. 同一个机器学习算法用于解决不同的问题时，会使用不同的特征. 如适用于描述图像整体属性的颜色、纹理、形状等全局特征，以及适用于描述图像混叠和有遮挡情况下的边缘、角点、线、曲线等局部特征. 虽然人工设计的特征在很多具体问题上都有成功的应用，但这是一种费时、费力且需要专业知识的做法，很大程度上需要依赖于专业知识和经验.

既然模型学习的任务可以通过计算机自动完成，那么特征提取同样可以通过计算机自己实现，这便是表示学习. 表示学习用于将原始数据转换为能够被机器学习进行有效开发的新的表示形式. 它避免了手动提取特征的麻烦，允许计算机学习使用特征的同时，学习如何提取特征. 表示学习算法应用的典型例子是自编码器（Auto-Encoder，AE），自编码器由一个编码器（Encoder）函数和一个解码器（Decoder）函数组合而成. 编码器函数将输入数据转换为一种不同的表示形式，而解码器函数则将这个新的表示形式转换为原始输入的形式. 我们希望输入数据经过编码器和解码器之后尽可能多地保留原始信息，同时又希望新的表示形式有各种好的特性，这也是自编码器的训练目标.

深度学习是表示学习的一个经典代表. 深度学习将原始数据（输入层）逐层抽象为自身任务所需的最终特征，并以特征到任务目标的映射作为输出（输出层）. 所以深度学习除了模型学习外，还有特征学习、特征抽象等任务模块的参与. 通常把除输入层和输出层以外的其他各层称为隐藏层（Hidden Layer），而隐藏层背负的使命就是特征提取. 因此，深度学习的最大特点之一就是实现了端到端的映射.

深度神经网络是深度学习中的一类典型算法，包括深度前馈神经网络（Deep Feedforward Neural Network，DFFNN）、卷积神经网络（Convolutional Neural Network，CNN）、循环神经网络（Recurrent Neural Network，RNN）等，这部分是本书后续章节重点讨论的内容.

综上所述，人工智能、机器学习、表示学习和深度学习是具有包含关系的研究领域. 机器学习是实现人工智能的重要手段和方式，深度学习则是机器学习的一个分支，相对于浅层机器学习具有更强的能力和灵活性. 机器学习特别是 DNN 的日益成熟，促进了人工智能领域的高速发展和广泛应用. 人工智能的基础目标就是让计算机能够模拟人类进而辅助甚至代替人类完成各种工作，而人类最基础的能力是对外界环境的感知和认知，因此，人工智能系统同样必须具备对外界环境的感知和认知的基础能力.

（1）计算机视觉

计算机视觉是一门研究如何让计算机学会“看”的科学，是模拟人类的视觉机理来获取和处理信息的技术. 人类获取外界信息中的 80%来自视觉，经过长期的进化，人类很容易看清楚并理解身边的场景，但是让计算机处理这些视觉信息并不容易. 视觉领域的一个重大突破是 1959 年戴维·亨特·休布尔（David Hunter Hubel）和托斯坦·威赛尔（Torsten Wiesel）在猫视觉皮层实验中，首次观察到视觉初级皮层的神经元（Neuron）只对物体的边缘刺激敏感，指出视觉的前期并不是对物体进行整体识别，而是对简单的形状结构进行处理，这种简单的形状结构就是物体的边缘. 1963 年，拉里·罗伯茨（Larry Roberts）在他的博士论文中首次提出通过计算机实现了对图片中物体边缘的提取. 计算机视觉研究真正开始于 1996 年，MIT 人工智能实验室的马文·明斯基（Marvin Minsky）安排学生在计算机上连接一个摄像头，然后编写一个程序，让计算机告诉他们看到了什么. 虽然当时并未成功，但是从那以后，计算机视觉成了最受关注和发展最快的研究领域之一.

在初期的计算机视觉研究中，研究人员主要通过描述整个物体的颜色、形状和纹理等全局特征进行图像分类与识别，但现实环境受不同角度、光线及部分遮挡等多种因素影响，那么又如何对图像进行有效识别呢？这主要得益于戴维·罗伊（David Lowe）在 1999 年提出的尺度不变特征变换（Scale Invariant Feature Transform，SIFT）算法. SIFT 中的特征是图像的局部特征，其对旋转、尺度缩放、亮度变化保持不变性，对视角变化、仿射变换、噪声干扰也保持一定程度的稳定性. 随后又涌现出了加速稳健特征（Speeded Up Robust Features，SURF）等多种局部图像特征描述算法. 局部图像特征描述算法的发展趋势是快速、低存储. 这两个趋势使得局部图像特征描述算法可以在实时、大规模应用中发挥作用，而且有利于将许多应用安装到手机端，实实在在地将计算机视觉技术应用于我们的生活中.

在深度学习之前，计算机视觉技术充分利用图像的颜色、形状、纹理等全局特征以及局部特征，结合浅层机器学习算法，在人脸检测、车牌识别等方面得到一定程度的应用. 随着深度学习的发展，图像分类、图像识别、目标检测、目标跟踪、图像语义分割、图像检索、图像自动生成等应用技术得到了飞速发展. 传统的人脸识别技术，即使综合考虑颜色、形状、纹理等全局特征和局部特征，也只能达到 95%左右的精度，而应用了深度学习算法的人脸识别技术，精度可以达到 99.5%以上，超越了人类的识别水平，从而在金融、安防等领域得到了广泛的商业化应用.

（2）语音信号处理

语音信号处理是以生理、心理、语言以及声学等基本实验为基础，以信息论、控制论、系统论的理论作指导，通过应用信号处理、统计分析、模式识别等现代技术，而发展成的一门多学科综合技术. 语音信号处理的研究源于对发音器官的模拟，并发展成声道的数字模型（简称声道模型）. 利用该声道模型可以对语音信号进行各种频谱及参数的分析，进行通信编码或数据压缩的研究，同时可以根据分析获得的频谱特征或参数变化规律，合成语音信号. 利用语音分析技术，计算机还可以实现对语音的自动识别以及对特定说话人的自动辨识等.

针对人工智能而言，语音信号处理主要是让计算机学会“听”和“说”的一门科学，语音识别（Speech Recognition）主要解决“听”的问题，而语音合成（Speech Synthesis）主要解决“说”的问题.

大规模的语音识别研究是在 20 世纪 70 年代以后，当时在小词汇量、孤立词的识别方面虽然取得了实质性的进展，但仍处于技术萌芽阶段. 进入 20 世纪 80 年代以后，人们研究的重点逐渐转向大词汇量、非特定人连续语音识别，在研究思路上也发生了重大转变，即由传统的基于标准模板匹配的技术思路开始转向基于统计模型的技术思路，如典型的隐马尔可夫模型（Hidden Markov Model，HMM）.

20 世纪 90 年代是语音识别技术基本成熟的时期，主要采用 HMM 和高斯混合模型（Gaussian Mixture Model，GMM）相结合的 HMM-GMM 框架，使得最低错误率降至 17.9%. 其识别效果与真正实用仍然有一段差距，但基于 HMM-GMM 的传统语音识别模型仍然至少“统治”了近 20 年的时间.

随着深度学习的出现，特别是基于长短期记忆（Long Short-Term Memory，LSTM）模块的循环神经网络技术成功应用于语音识别，语音识别技术水平大幅提升，并得到实际应用，如 Apple 公司在 2011 年推出的智能语音识别接口（Speech Interpretation & Recognition Interface，SIRI）. 而语音识别技术的重要突破是 2014 年和 2015 年，百度美国硅谷人工智能实验室连续发表了两篇重量级的端到端语音识别论文 *Deep Speech: Scaling up end-to-end speech recognition* 和 *Deep speech 2: End-to-end speech recognition in english and mandarin*，将语音识别提升到了人类识别水平.

（3）自然语言处理

自然语言处理是人工智能和语言学相结合的交叉学科. 如果说计算机视觉和语音识别是人工智能领域的感知智能，那么自然语言处理就是人工智能的认知智能. 要使计算机既能理解自然语言文本的意义，又能以自然语言文本来表达给定的意图、思想等，从而实现真正的人机交互，其研究的关键内容是语义理解和语言生成. 语义理解是自然语言处理中的最大难题之一，一方面要有更加丰富和灵活而且自适应能力强的语义表示，另一方面又要有好的理解用户对话的策略. 这个难题的关键是如何完成从形式到语义的多对多映射，即根据当前语境找到最合适的映射. 语义理解通常包括分词、词性标注、命名实体识别、信息抽取、依存句法分析等多种技术. 自然语言处理的典型应用则是机器翻译、文档分类、自动摘要、舆情分析、机器写作等.

3. 应用层

应用层是指将一种或多种应用技术与行业相结合从而形成特定应用场景的软硬件产品或解决方案. 这里的应用技术也泛指结合了基础支撑层、技术驱动层和行业应用需求而形成的产品的系统知识. 这些知识既可以从技术驱动层中通过迁移学习（Transfer Learning，TL）而得到，也可以根据技术驱动层的相关理论体系结合行业需求重新设计.

最为典型和成熟的应用技术之一是人脸识别算法，它包括人脸检测、人脸对齐、特征提取和分类等多项技术. 人脸检测的目标是找出图像中所有的人脸，确定它们的大小和位置，并对关键部位（如眼睛、鼻子和嘴巴等）进行定位. 人脸对齐最为简单的方法之一是直接利用关键点来进行姿态校正，然后将对齐后的人脸图像缩放到固定大小，采用深度学习算法提取人脸的特征，利用提取到的特征进行图像分类，分类后的结果就是我们所需要的识别信息.

1.1.2 人工智能的典型事件

当前，人工智能的发展日新月异，并且已离开“棋盘”，走出实验室. 同时，在各国政府人工智能战略和资本市场的推动下，人工智能企业、产品和服务层出不穷. 无人机、工业机器人、服务机器人等已正式步入人类社会，并在各行各业得到广泛的应用. 我国政府也高度重视人工智能技术及产业的发展，2017 年 7 月 20 日，国务院印发了《新一代人工智能发展规划》，并提出将在制造、金融、农业、物流、商务、家居等重点行业和领域开展人工智能应用试点示范工作．回顾历史，自 1956 年的达特茅斯会议以来，人工智能的发展并不是一帆风顺的，而是几起几落．正是由于无数科学家的长期坚持与努力，近 10 年来人工智能才得以高速发展，并迎来了人工智能的第三次兴起．

1．人工智能的第一次兴起

1959 年，乔治·迪沃尔（George Devol）与约瑟夫·恩格尔伯格（Joseph Engelberger）发明了首台工业机器人，并成立了世界上第一家机器人制造公司尤尼梅申（Unimation）．该机器人主要通过计算机控制一个自由度很高的机械手臂，重复人类规定的动作．1961 年，美国通用电气公司（General Electric Company，GE）将迪沃尔发明的第一代机器人应用于旗下一家工厂的组装流水线，主要用于从模具中提取滚烫的金属部件．随后，克莱斯勒公司（Chrysler Corporation）和福特公司（Ford Moter Company）也迅速跟进．1966 年，该机器人又被应用于更多的领域，代替工人从事焊接、喷绘、黏合等有害工作．

1966 年，MIT 的约瑟夫·魏泽鲍姆（Joseph Weizenbaum）开发了聊天机器人 ELIZA，用于在临床治疗中模仿心理医生的提问．虽然 ELIZA 的实现仅涉及关键词匹配及人工编写的回复规则，不具备语言理解的能力，但开创了计算机与人通过文本交互的先例．

1968 年，美国斯坦福研究所研制了移动式机器人 Shakey，这是首台采用了人工智能的移动机器人．Shakey 能够自主进行感知、环境建模、行为规划以及执行任务，能够根据人的指令发现并抓取积木、寻找木箱并将其推到指定位置等．它配备了摄像机、三角法测距仪、碰撞传感器、驱动电机以及编码器等，通过无线通信系统由计算机控制，不过控制它的计算机有一个房间那么大，而且对环境建模和行为规划的速度极其缓慢．

1970 年，美国斯坦福大学（Stanford University）计算机教授威诺格拉德（Winograd）开发了人机对话系统 SHRDLU，它能把句法分析、语义理解、逻辑推理结合起来，开创了计算机系统在自然语言处理领域的先河．SHRDLU 能操作放在桌子上的具有不同颜色、尺寸和形状的玩具积木，并可以根据操作人员的命令把这些积木捡起来，移动它们去搭成新的积木结构．SHRDLU 开创了真正意义上的人机交互，被视为人工智能研究的一次巨大成功．

在这个历史时期，虽然人工智能发展迅速，也取得了相当大的研究成果，但由于计算机能力有限，很多目标任务无法真正实现．随后，人工智能陷入了长达 6 年的科研“深渊”．

2．基于专家系统的人工智能

1976 年，美国斯坦福大学肖特里夫（Shortliffe）等人发布了可为传染性血液病患诊断的医疗咨询专家系统 MYCIN. 1977 年，中国科学院自动化研究所（Institute of Automation，Chinese Academy of Sciences）基于关幼波先生的经验，也成功研制了我国第一个“中医肝病诊治专家系统”．而最为典型的是由美国卡内基梅隆大学（Carnegie Mellon University，CMU）1980 年为美国数字设备公司（Digital Equipment Corporation，DEC）制造的专家系统 XCON．该系统包含设定好的超过 2500 条规则，在后续几年处理了超过 80 000 条订单，准确度超过 95%，每年能够为 DEC 节省大量资金．该系统特别是在决策方面能提供有价值的内容，随后专家系统逐渐开始商业化．

专家系统（Expert System，ES）是一类具有专门知识和经验的计算机智能程序系统，通过对人类专家的问题求解能力进行建模，采用人工智能中的知识表示和知识推理技术来模拟通常由专家才能解决的复杂问题，达到与专家解决问题同等的水平. 这种基于知识的系统设计方法是以知识库和推理机为中心而展开的，即“专家系统 = 知识库 + 推理机”.

专家系统虽然得到了一定的应用，但无法自我学习，维护越来越麻烦，成本也越来越高. 同时其完全依靠人工总结专家经验、获得知识. 而真正的人工智能不应完全循规蹈矩，应该和人类一样可以从现实中学习经验，学会判断，实现真正的智能. 因此，专家系统好景不长，人工智能又迎来了很长的“低迷期”.

3. 人工智能的第三次兴起

2016 年 3 月，AlphaGo 与韩国棋手李世石进行围棋人机大战，并以 4 : 1 的总比分获胜. 2017 年 5 月，AlphaGo 与当时世界排名第一的世界围棋冠军柯洁对战，最终以 3 : 0 的总比分获胜. AlphaGo 采用深度强化学习（Deep Reinforcement Learning，DRL）使计算机的围棋水平达到甚至超过了顶尖职业棋手的水平，引起了世界性的轰动，也将人工智能推向了浪潮的顶端.

深度学习已经在计算机视觉、语音信号处理、自然语言处理等领域取得了重大突破，相关技术也已经逐渐成熟并落地，进入我们的生活. 然而，这些领域研究的问题都只是为了让计算机能够感知和认知这个世界. 在人工智能领域，感知、认知和决策的能力都是衡量人工智能的指标. 深度强化学习是受到人类能够有效适应环境的启发，以试错的机制与环境进行交互，通过最大化累积奖赏的方式来学习最优策略. 简单理解就是在训练过程中，不断地去尝试各种行为，对了就奖赏，错了就惩罚，由此训练得到在各个状态环境下最好的决策行为，是使得决策持续获取收益的关键技术. 因此，采用深度强化学习与多种学习算法相结合的方式，成功地使计算机获得了感知、认知和决策能力，是一种更接近人类思维方式的人工智能的实现方法.

2018 年 9 月 17—19 日，上海成功举办了首届世界人工智能大会. 大会聚集了全球人工智能界的能人才士，包括 50 多位获得图灵奖、诺贝尔奖等的学术界领军人物，以及百位青年领军人才和近千家创新企业参会，同时还有阿里巴巴、Microsoft、腾讯、商汤等众多企业的积极参与. 大会的最大特色是设计了 7 个“AI+”主题应用，包括“AI+交通”“AI+金融”“AI+零售”“AI+健康”“AI+制造”“AI+教育”“AI+服务”等. 随着政府、科研机构和企业积极地“拥抱”人工智能，人工智能技术也一定会突飞猛进，同时会迎来其辉煌的巅峰时刻.

1.2 人工智能数学基础

人工智能是一个将数学、算法理论和工程实践紧密结合的领域，各种算法及理论都需要使用大量的数学知识，数学是实现人工智能的基础．本节结合高等数学、线性代数、概率论等相关内容，简单介绍在实现人工智能的过程中常用且必备的一些数学基础知识．

1.2.1 矩阵及其运算

1．矩阵的定义

由 $m \times n$ 个实数或复数排成的 m 行 n 列二维数组

$$\boldsymbol{A}=\begin{pmatrix} a_{11} & a_{12} & \cdots & a_{1n} \\ a_{21} & a_{22} & \cdots & a_{2n} \\ \vdots & \vdots & & \vdots \\ a_{m1} & a_{m2} & \cdots & a_{mn} \end{pmatrix}$$

称为一个 m 行 n 列矩阵，简称 $m \times n$ 矩阵，常用大写黑斜体字母如 $\boldsymbol{A}$ 来表示．其中 a_{ij} 称为矩阵 $\boldsymbol{A}$ 第 i 行、第 j 列处的元素．如果用元素来表示矩阵 $\boldsymbol{A}$，则可以记为 (a_{ij}) 或 $(a_{ij})_{m\times n}$．元素是实数的矩阵称为实矩阵，元素是复数的矩阵称为复矩阵．当矩阵 $\boldsymbol{A}$ 的行数和列数都等于 n 时，则称为 n 阶方阵 $\boldsymbol{A}_n$．

2．特殊矩阵

（1）零矩阵

所有元素全为 0 的矩阵称为零矩阵，记作 $\boldsymbol{O}_{m\times n}$ 或 $\boldsymbol{O}$，如

$$\boldsymbol{O}_{3\times 3}=\begin{pmatrix} 0 & 0 & 0 \\ 0 & 0 & 0 \\ 0 & 0 & 0 \end{pmatrix},\ \boldsymbol{O}_{2\times 4}=\begin{pmatrix} 0 & 0 & 0 & 0 \\ 0 & 0 & 0 & 0 \end{pmatrix}.$$

（2）列矩阵

只有 1 列 m 行（m×1）的矩阵称为列矩阵，如

$$\boldsymbol{A}=\begin{pmatrix} a_1 \\ a_2 \\ \vdots \\ a_m \end{pmatrix}.$$

（3）行矩阵

只有 1 行 n 列（1×n）的矩阵称为行矩阵，如 $\boldsymbol{A}=(a_1,a_2,\cdots,a_n)$．

（4）对角矩阵

若 n 阶方阵 $\boldsymbol{A}=(a_{ij})_{n\times n}$ 的元素除主对角线以外所有元素都为 0，即 $a_{ij}=0(i\neq j)$，则称 $\boldsymbol{A}$ 为对角矩阵，称 $a_{ii}(i=1,2,\cdots,n)$ 为 $\boldsymbol{A}$ 的主对角元素，记作 $\boldsymbol{A}=\mathrm{diag}(a_{11},a_{22},\cdots,a_{nn})$．

以下为一个简单的三阶对角矩阵的例子，如

$$\boldsymbol{A}=\begin{pmatrix} 1 & 0 & 0 \\ 0 & 2 & 0 \\ 0 & 0 & 3 \end{pmatrix}=\mathrm{diag}(1,2,3).$$

而 n 阶对角矩阵 $\boldsymbol{A}=\mathrm{diag}(a_{11},a_{22},\cdots,a_{nn})$ 为

$$A=\begin{pmatrix} a_{11} & 0 & \cdots & 0 \\ 0 & a_{22} & \cdots & 0 \\ \vdots & \vdots & & \vdots \\ 0 & 0 & \cdots & a_{nn} \end{pmatrix}.$$

（5）单位矩阵

主对角元素全为 1，即 $a_{ii}=1(i=1,2,\cdots,n)$ 的对角矩阵称为单位矩阵，n 阶单位矩阵记为 $\boldsymbol{I}_n$，在不至于混淆时也记为 $\boldsymbol{I}$，

$$\boldsymbol{I}=\text{diag}(1,1,\cdots,1)=\begin{pmatrix} 1 & 0 & \cdots & 0 \\ 0 & 1 & \cdots & 0 \\ \vdots & \vdots & & \vdots \\ 0 & 0 & \cdots & 1 \end{pmatrix}.$$

3. 矩阵的运算

（1）同型矩阵

如果 $\boldsymbol{A}$ 和 $\boldsymbol{B}$ 都是 $m\times n$ 矩阵，就称 $\boldsymbol{A}$ 和 $\boldsymbol{B}$ 为同型矩阵.

矩阵 $\boldsymbol{A}=(a_{ij})$ 和 $\boldsymbol{B}=(b_{ij})$，如果它们为同型矩阵，且对应元素相等，即

$$a_{ij}=b_{ij}\quad(i=1,2,\cdots,m;j=1,2,\cdots,n),$$

就称 $\boldsymbol{A}$ 和 $\boldsymbol{B}$ 相等，记为 $\boldsymbol{A}=\boldsymbol{B}$.

（2）矩阵的加法

设两个 $m\times n$ 的同型矩阵分别为

$$\boldsymbol{A}=\begin{pmatrix} a_{11} & a_{12} & \cdots & a_{1n} \\ a_{21} & a_{22} & \cdots & a_{2n} \\ \vdots & \vdots & & \vdots \\ a_{m1} & a_{m2} & \cdots & a_{mn} \end{pmatrix},\ \boldsymbol{B}=\begin{pmatrix} b_{11} & b_{12} & \cdots & b_{1n} \\ b_{21} & b_{22} & \cdots & b_{2n} \\ \vdots & \vdots & & \vdots \\ b_{m1} & b_{m2} & \cdots & b_{mn} \end{pmatrix},$$

如果将它们对应位置的元素相加，得到一个新的 $m\times n$ 矩阵

$$\boldsymbol{C}=\begin{pmatrix} a_{11}+b_{11} & a_{12}+b_{12} & \cdots & a_{1n}+b_{1n} \\ a_{21}+b_{21} & a_{22}+b_{22} & \cdots & a_{2n}+b_{2n} \\ \vdots & & & \vdots \\ a_{m1}+b_{m1} & a_{m2}+b_{m2} & \cdots & a_{mn}+b_{mn} \end{pmatrix},$$

则称矩阵 $\boldsymbol{C}$ 是矩阵 $\boldsymbol{A}$ 和 $\boldsymbol{B}$ 的和，记为 $\boldsymbol{C}=(\boldsymbol{A}+\boldsymbol{B})$，显然 $\boldsymbol{A}$ 和 $\boldsymbol{B}$ 必须是同型矩阵.

（3）负矩阵

一个 $m\times n$ 矩阵 $\boldsymbol{A}$，若对它的每一元素均取其负数，则得到矩阵 $\boldsymbol{A}$ 的负矩阵，即

$$-\boldsymbol{A}=\begin{pmatrix} -a_{11} & -a_{12} & \cdots & -a_{1n} \\ -a_{21} & -a_{22} & \cdots & -a_{2n} \\ \vdots & \vdots & & \vdots \\ -a_{m1} & -a_{m2} & \cdots & -a_{mn} \end{pmatrix}.$$

如果将 $\boldsymbol{A}+(-\boldsymbol{A})$，显然得到一个所有元素都为 0 的 $m\times n$ 零矩阵 $\boldsymbol{O}$.

（4）矩阵的减法

利用矩阵的加法与负矩阵的概念，我们可以定义两个 $m\times n$ 矩阵 $\boldsymbol{A}$ 与 $\boldsymbol{B}$ 的差，即矩阵的减法为

$$\boldsymbol{A}-\boldsymbol{B}=\boldsymbol{A}+(-\boldsymbol{B}).$$

两个矩阵相减，也就是对应位置元素相减.

（5）矩阵的数乘

设 $\boldsymbol{A}=(a_{ij})_{m\times n}$ 是一个 $m\times n$ 矩阵，k 是一个数，则称矩阵

$$\begin{pmatrix} ka_{11} & ka_{12} & \cdots & ka_{1n} \\ ka_{21} & ka_{22} & \cdots & ka_{2n} \\ \vdots & \vdots & & \vdots \\ ka_{m1} & ka_{m2} & \cdots & ka_{mn} \end{pmatrix}$$

为矩阵 $\boldsymbol{A}$ 与数 k 的乘积，记为 $k\boldsymbol{A}$. 也就是说，用数 k 乘矩阵 $\boldsymbol{A}$，就是将 $\boldsymbol{A}$ 中的每一元素都乘 k.

（6）矩阵的乘法

设 $m\times p$ 矩阵 $\boldsymbol{A}=(a_{ij})_{m\times p}$， $p\times n$ 矩阵 $\boldsymbol{B}=(b_{ij})_{p\times n}$，则由元素

$$c_{ij}=a_{i1}b_{1j}+a_{i2}b_{2j}+\cdots+a_{ip}b_{pj}=\sum_{k=1}^{p}a_{ik}b_{kj}\quad(i=1,2,\cdots,m;j=1,2,\cdots,n)$$

构成的 $m\times n$ 矩阵 $\boldsymbol{C}=(c_{ij})_{m\times n}$ 称为矩阵 $\boldsymbol{A}$ 与 $\boldsymbol{B}$ 的乘积，记为 $\boldsymbol{C}=\boldsymbol{AB}$. 因此两个矩阵相乘，矩阵 $\boldsymbol{A}$ 的列数必须等于矩阵 $\boldsymbol{B}$ 的行数；矩阵 $\boldsymbol{C}$ 的行数等于矩阵 $\boldsymbol{A}$ 的行数，矩阵 $\boldsymbol{C}$ 的列数等于矩阵 $\boldsymbol{B}$ 的列数；矩阵 $\boldsymbol{C}$ 中第 i 行、第 j 列元素 c_{ij} 等于矩阵 $\boldsymbol{A}$ 的第 i 行与矩阵 $\boldsymbol{B}$ 的第 j 列对应元素的乘积之和.

例如，有两个矩阵，

$$\boldsymbol{A}=\begin{pmatrix} 1 & 2 \\ -1 & -2 \end{pmatrix},\ \boldsymbol{B}=\begin{pmatrix} 3 & 4 \\ 1 & -2 \end{pmatrix},$$

则有

$$\boldsymbol{AB}=\begin{pmatrix} 1 & 2 \\ -1 & -2 \end{pmatrix}\begin{pmatrix} 3 & 4 \\ 1 & -2 \end{pmatrix}=\begin{pmatrix} 5 & 0 \\ -5 & 0 \end{pmatrix},$$

$$\boldsymbol{BA}=\begin{pmatrix} 3 & 4 \\ 1 & -2 \end{pmatrix}\begin{pmatrix} 1 & 2 \\ -1 & -2 \end{pmatrix}=\begin{pmatrix} -1 & -2 \\ 3 & 6 \end{pmatrix}.$$

由上述分析可知，矩阵的乘法对矩阵 $\boldsymbol{A}$、$\boldsymbol{B}$ 的行数和列数有要求，同时矩阵相乘的顺序不同，结果也不同. $\boldsymbol{AB}$ 是 $\boldsymbol{A}$ 左乘 $\boldsymbol{B}$ 的乘积，$\boldsymbol{BA}$ 是 $\boldsymbol{A}$ 右乘 $\boldsymbol{B}$ 的乘积. 所以矩阵的乘法不满足交换律，但矩阵的乘法满足结合律和分配律，如

$$(\boldsymbol{AB})\boldsymbol{C}=\boldsymbol{A}(\boldsymbol{BC});\ \boldsymbol{A}(\boldsymbol{B}+\boldsymbol{C})=\boldsymbol{AB}+\boldsymbol{AC}.$$

（7）矩阵的转置

把一个矩阵 $\boldsymbol{A}$ 的行、列互换，所得到的矩阵称为矩阵 $\boldsymbol{A}$ 的转置，记为 $\boldsymbol{A}^{\mathrm{T}}$.

假设 $\boldsymbol{A}$ 为

$$\boldsymbol{A}=\begin{pmatrix} a_{11} & a_{12} & \cdots & a_{1n} \\ a_{21} & a_{22} & \cdots & a_{2n} \\ \vdots & \vdots & & \vdots \\ a_{m1} & a_{m2} & \cdots & a_{mn} \end{pmatrix},$$

则 $\boldsymbol{A}^{\mathrm{T}}$ 为

$$\boldsymbol{A}^{\mathrm{T}}=\begin{pmatrix} a_{11} & a_{21} & \cdots & a_{m1} \\ a_{12} & a_{22} & \cdots & a_{m2} \\ \vdots & \vdots & & \vdots \\ a_{1n} & a_{2n} & \cdots & a_{mn} \end{pmatrix}.$$

例如，矩阵 $\boldsymbol{A}$ 为

$$\boldsymbol{A}=\begin{pmatrix} 1 & 2 & 3 \\ 4 & 5 & 6 \\ 7 & 8 & 9 \end{pmatrix},$$

则其转置矩阵 $\boldsymbol{A}^{\mathrm{T}}$ 为

$$\boldsymbol{A}^{\mathrm{T}}=\begin{pmatrix} 1 & 4 & 7 \\ 2 & 5 & 8 \\ 3 & 6 & 9 \end{pmatrix}.$$

假设 $\boldsymbol{A}$ 为 n 阶方阵，如果满足 $\boldsymbol{A}=\boldsymbol{A}^{\mathrm{T}}$，即

$$a_{ij}=a_{ji} \quad (i,j=1,2,\cdots,n),$$

那么矩阵 $\boldsymbol{A}$ 称为对称矩阵，如

$$\boldsymbol{A}=\boldsymbol{A}^{\mathrm{T}}=\begin{pmatrix} 1 & 2 & 3 \\ 2 & 4 & 6 \\ 3 & 6 & 5 \end{pmatrix}.$$

需要注意的是，$(\boldsymbol{AB})^{\mathrm{T}}=\boldsymbol{B}^{\mathrm{T}}\boldsymbol{A}^{\mathrm{T}}$.

（8）逆矩阵

设 $\boldsymbol{A}$ 为 n 阶方阵，若存在 n 阶方阵 $\boldsymbol{B}$，使得

$$\boldsymbol{AB}=\boldsymbol{BA}=\boldsymbol{I},$$

则称 $\boldsymbol{A}$ 是可逆矩阵，而 $\boldsymbol{B}$ 是 $\boldsymbol{A}$ 的逆矩阵，记为

$$\boldsymbol{B}=\boldsymbol{A}^{-1}.$$

（9）正交矩阵

如果 n 阶方阵满足

$$\boldsymbol{A}^{\mathrm{T}}\boldsymbol{A}=\boldsymbol{A}\boldsymbol{A}^{\mathrm{T}}=\boldsymbol{I},$$

则称 $\boldsymbol{A}$ 为正交矩阵，即 $\boldsymbol{A}^{\mathrm{T}}=\boldsymbol{A}^{-1}$.

（10）方阵的行列式

行列式是一个数，它是对方阵的映射，方阵 $\boldsymbol{A}$ 的行列式记为 $|\boldsymbol{A}|$. 如果采用逆序数法，则 n 阶方阵 $\boldsymbol{A}$ 的行列式为

$$|\boldsymbol{A}|=\sum_{i=1}^{n!}(-1)^{p_i}a_{1k_1}a_{2k_2}\cdots a_{nk_n}.$$

其中，$k_1k_2\cdots k_n$ 为 $1,2,\cdots,n$ 这 n 个数的全排列，显然全排列的种数为 $n!$.

假设$k_1k_2\cdots k_j\cdots k_n$为自然数$1,2,\cdots,n$的第$i$种排列，如果比$k_j(j=1,\cdots,n)$大的且排在$k_j$前面的元素有$t_j$个，就说$k_j$的逆序数为$t_j$，因此第$i$种排列的逆序数总和为

$$p_i=\sum_{j=1}^{n}t_j.$$

以三阶行列式为例，假设

$$|\boldsymbol{A}|=\begin{vmatrix}a_{11} & a_{12} & a_{13}\\ a_{21} & a_{22} & a_{23}\\ a_{31} & a_{32} & a_{33}\end{vmatrix}.$$

由于$k_n=3$，因此k_1、k_2、k_3共有6种全排列方式，即全排列可以为123、132、213、231、312、321．例如当$k_1k_2k_3=231$时，$p_4=0+0+2=2$，因此可以得到

$$\begin{vmatrix}a_{11} & a_{12} & a_{13}\\ a_{21} & a_{22} & a_{23}\\ a_{31} & a_{32} & a_{33}\end{vmatrix}=a_{11}a_{22}a_{33}-a_{11}a_{23}a_{32}-a_{12}a_{21}a_{33}+a_{12}a_{23}a_{31}+a_{13}a_{21}a_{32}-a_{13}a_{22}a_{31}.$$

同时行列式具有如下性质：

① 行列式与它的转置行列式相等；

② 交换行列式的两行（列），行列式变号；

③ 如果行列式有两行（列）元素成比例，此行列式为0；

④ 行列式的某一行（列）中的所有元素乘数k，等于行列式乘数k；

⑤ 行列式的某一行（列）中的各元素乘数k再和另一行（列）对应元素相加，则行列式不变；

⑥ 如果两个矩阵为同型方阵，则有$|\boldsymbol{AB}|=|\boldsymbol{A}||\boldsymbol{B}|$，即矩阵乘积的行列式等于矩阵的行列式的乘积；

⑦$|\boldsymbol{A}^{-1}|=|\boldsymbol{A}|^{-1}$，即逆矩阵的行列式等于矩阵的行列式的倒数．

1.2.2 向量与向量空间

1．向量

（1）向量的定义

在物理学中，描述力、速度等类型的量，既要指出大小，又要明确方向．这种既有大小，又有方向的量称为向量．

在数学上，可以用有向线段$\overrightarrow{AB}$表示向量，A、B分别表示这个向量的起点与终点．在机器学习中，通常采用小写黑斜体字母如$\boldsymbol{a}$等来表示向量．

（2）向量的模

向量的大小（或长度）称为向量的模，记为$\|\boldsymbol{a}\|$．

（3）特殊向量

① 零向量：模等于0的向量称为零向量，零向量没有确定的方向．

② 单位向量：模等于 1 的向量称为单位向量.

③ 自由向量：在许多几何与物理问题中，所讨论的向量常常与起点无关，这种不考虑其起点的向量称为自由向量. 也就是说，自由向量可以在空间中自由平行移动，自由向量的起点可以放在空间任何位置.

（4）向量的坐标表示

以三维直角坐标系为例，将向量 $\boldsymbol{a}$ 在三维坐标中作平行移动，若其起点移到坐标原点 O，设其终点为 P，则向量 $\overrightarrow{OP}$ 确定. 反过来，空间中任意一点 P 也确定了一个向量 $\overrightarrow{OP}$. 也就是说，坐标的点与向量之间建立了一一对应关系.

假设三维直角坐标系中点 P 的坐标为 (a_1,a_2,a_3)，于是向量 $\overrightarrow{OP}$ 可表示为

$$\overrightarrow{OP}=\boldsymbol{a}=(a_1,a_2,a_3),$$

（a_1,a_2,a_3）就是向量的坐标表示. 若 $\boldsymbol{a}=(a_1,a_2,\cdots,a_n)$ 则称之为 n 维向量，a_i 称为向量 $\boldsymbol{a}$ 的第 i 个分量. n 维向量可以写成一行，也可以写成一列，分别称为行向量和列向量.

（5）向量的运算

假设两个同维向量 $\boldsymbol{a}=(a_1,a_2,a_3)$，向量 $\boldsymbol{b}=(b_1,b_2,b_3)$.

① 向量的加法：两个同维向量的对应分量相加得到一个新的同维向量，即向量 $\boldsymbol{a}$ 和向量 $\boldsymbol{b}$ 的加法定义为

$$\boldsymbol{a}+\boldsymbol{b}=(a_1+b_1,a_2+b_2,a_3+b_3).$$

② 向量的数乘：向量 $\boldsymbol{a}=(a_1,a_2,a_3)$ 与数 k 的乘法（简称数乘）定义为

$$k\boldsymbol{a}=(ka_1,ka_2,ka_3).$$

③ 向量的减法：向量 $\boldsymbol{a}$ 和向量 $\boldsymbol{b}$ 的减法定义为 $\boldsymbol{a}-\boldsymbol{b}=\boldsymbol{a}+(-\boldsymbol{b})$.

④ 向量的内积：向量 $\boldsymbol{a}$ 和向量 $\boldsymbol{b}$ 的内积定义为 $\boldsymbol{a}\cdot\boldsymbol{b}=\|\boldsymbol{a}\|\,\|\boldsymbol{b}\|\cos\langle\boldsymbol{a},\boldsymbol{b}\rangle$，其中 $\langle\boldsymbol{a},\boldsymbol{b}\rangle$ 是 $\boldsymbol{a}$ 与 $\boldsymbol{b}$ 的夹角. 内积运算符号用“•”表示，所以内积又称为数量积或点乘积. 这就是说，两个向量的内积等于其中一个向量的模和另一个向量在这个向量的方向上的投影的乘积. 因此在直角坐标系中，三维向量的内积计算公式为

$$\boldsymbol{a}\cdot\boldsymbol{b}=(a_1,a_2,a_3)\cdot(b_1,b_2,b_3)=a_1b_1+a_2b_2+a_3b_3.$$

若与矩阵的乘法相对应，当三维向量 $\boldsymbol{a}$ 和 $\boldsymbol{b}$ 均为行向量时，向量的内积可以表示为

$$\boldsymbol{a}\cdot\boldsymbol{b}=\boldsymbol{a}\boldsymbol{b}^{\mathrm{T}}=a_1b_1+a_2b_2+a_3b_3.$$

而当三维向量 $\boldsymbol{a}$ 和 $\boldsymbol{b}$ 均为列向量时，它们的内积可以表示为

$$\boldsymbol{a}\cdot\boldsymbol{b}=\boldsymbol{a}^{\mathrm{T}}\boldsymbol{b}=a_1b_1+a_2b_2+a_3b_3.$$

因此，两个维度相同的向量的内积就是它们对应分量的乘积和. 如果两个向量的内积为 0，则它们相互正交，并互为正交向量，这是几何垂直概念在高维空间的推广.

2. 向量空间

在前面提到的几何直角坐标系中，如果点 P 对于坐标原点 O 的位置向量 $\overrightarrow{OP}$ 是 $\boldsymbol{a}$，那么 $\boldsymbol{a}$ 的所有分量就是点 P 的坐标. 当 $\boldsymbol{a}$ 的分量个数大于 3 以后，我们很难用形象的几何图形来对向

量进行描述，因此采用向量空间（Vector Space）来对其进行描述．在几何中，“空间”通常是点的集合，向量空间则是取定了坐标后所有点的集合．对于 n 维实向量 $\boldsymbol{a}=(a_1,a_2,\cdots,a_n)$，由其所有可能取值组成的集合叫作 n 维向量空间，记作 $\mathbf{R}^n$．$\mathbf{R}^n$ 为具有 n 个实分量的一切 n 维向量的集合，如由所有三维实向量（a_1,a_2,a_3）组成的集合，我们称这个集合构成一个三维向量空间 $\mathbf{R}^3$．所以在向量空间中，每个向量均为向量空间中的一个点．由于在机器学习中，输入的实例就是一个向量，如果输入的实例是 n 维无限样本构成的集合，那么其构成的特征空间为 $\mathbf{R}^n$，但是实际上输入的实例数量有限，因此其构成的特征空间是 $\mathbf{R}^n$ 的一个子空间．假设 $\mathbf{V}$ 为由有限个 n 维向量组成的集合，如果 $\mathbf{V}\neq\varnothing$，且集合 $\mathbf{V}$ 对于向量的加法与数乘两种运算封闭，那么称集合 $\mathbf{V}$ 为向量空间．封闭的含义是指若 $\boldsymbol{a}\in\mathbf{V}$ 且 $\boldsymbol{b}\in\mathbf{V}$，则 $\boldsymbol{a}+\boldsymbol{b}\in\mathbf{V}$；若 $\boldsymbol{a}\in\mathbf{V}$，$\lambda\in\mathbf{R}$，则 $\lambda\boldsymbol{a}\in\mathbf{V}$；任何 n 维向量组成的集合 $\mathbf{V}$，总有 $\mathbf{V}\subseteq\mathbf{R}^n$．

由若干个同维度的列向量（或同维度的行向量）所组成的集合叫作向量组，如一个 $m\times n$ 矩阵的全体列向量是一个含 n 个 m 维列向量的向量组，或一个含 m 个 n 维行向量的向量组．总之，含有有限个向量的有序向量组可以与矩阵一一对应．

给定向量组 $\boldsymbol{A}:\boldsymbol{a}_1,\boldsymbol{a}_2,\cdots,\boldsymbol{a}_n$，如果存在不全为 0 的数 $\lambda_1,\lambda_2,\cdots,\lambda_n$，使

$$\lambda_1\boldsymbol{a}_1+\lambda_2\boldsymbol{a}_2+\cdots+\lambda_n\boldsymbol{a}_n=0\,.$$

则称向量 $\boldsymbol{a}_1,\boldsymbol{a}_2,\cdots,\boldsymbol{a}_n$ 是线性相关的，否则称为线性无关．如果从 n 个向量 $\boldsymbol{a}_1,\boldsymbol{a}_2,\cdots,\boldsymbol{a}_n$ 中最多能够选出 $r(r\leqslant n)$ 个向量线性无关，那么数 r 为向量组 $\boldsymbol{A}$ 的秩，如果把向量组 $\boldsymbol{A}$ 看成矩阵，那么数 r 为矩阵 $\boldsymbol{A}$ 的秩．所以矩阵的秩可以定义为矩阵中线性无关的行向量或列向量的最大数量．若 n 维向量 $\boldsymbol{a}_1,\boldsymbol{a}_2,\cdots,\boldsymbol{a}_r$ 是一组两两正交的非零向量，则向量 $\boldsymbol{a}_1,\boldsymbol{a}_2,\cdots,\boldsymbol{a}_r$ 线性无关．

1.2.3 特征值与特征向量

设 $\boldsymbol{A}$ 是 n 阶方阵，如果存在数 λ 和 n 维非零列向量 $\boldsymbol{x}$，使

$$\boldsymbol{A}\boldsymbol{x}=\lambda\boldsymbol{x}\,, \tag{1.1}$$

结合单位矩阵的概念，我们可以把式 1.1 写成

$$(\boldsymbol{A}-\lambda\boldsymbol{I})\boldsymbol{x}=\boldsymbol{O}\,,$$

则称数 λ 为方阵 $\boldsymbol{A}$ 的特征值，非零向量 $\boldsymbol{x}$ 为方阵 $\boldsymbol{A}$ 对应于特征值 λ 的特征向量．我们知道，任何一个非零向量 $\boldsymbol{x}$ 均有大小和方向，而向量 $\boldsymbol{x}$ 乘一个非零的常数 λ 后，改变的只是其大小，不会改变其方向．因此，从物理意义上来看，特征向量 $\boldsymbol{x}$ 代表了向量 $\boldsymbol{A}\boldsymbol{x}$ 的方向，并且向量 $\boldsymbol{x}$ 所在直线上的向量均为方阵 $\boldsymbol{A}$ 对应于特征值 λ 的特征向量，λ 代表了向量 $\boldsymbol{A}\boldsymbol{x}$ 在这条直线上的速度．假设 λ_i 为方阵 $\boldsymbol{A}$ 的其中一个特征值，由于 $(\boldsymbol{A}-\lambda_i\boldsymbol{I})\boldsymbol{x}=\boldsymbol{O}$，因此可以求得非零解 $\boldsymbol{x}=\boldsymbol{p}_i$，那么 $\boldsymbol{p}_i$ 就是方阵 $\boldsymbol{A}$ 对应于特征值 λ_i 的特征向量．

根据线性方程组的理论，要让齐次方程有非零解，则其系数矩阵行列式可以表示为

$$|\boldsymbol{A}-\lambda\boldsymbol{I}|=0\,,$$

即

$$\begin{vmatrix} a_{11}-\lambda & a_{12} & \cdots & a_{1n} \\ a_{21} & a_{22}-\lambda & \cdots & a_{2n} \\ \vdots & \vdots & & \vdots \\ a_{n1} & a_{n2} & \cdots & a_{nn}-\lambda \end{vmatrix}=0.$$

在复数范围内，n 阶矩阵 $\boldsymbol{A}=(a_{ij})$ 的特征值为 $\lambda_1,\lambda_2,\cdots,\lambda_n$.

以二阶方阵为例，假设

$$\boldsymbol{A}=\begin{pmatrix} 3 & 1 \\ 3 & 5 \end{pmatrix},$$

则

$$|\boldsymbol{A}-\lambda\boldsymbol{I}|=\begin{vmatrix} 3-\lambda & 1 \\ 3 & 5-\lambda \end{vmatrix}=(3-\lambda)(5-\lambda)-3=(\lambda-2)(\lambda-6)=0.$$

因此，$\lambda_1=2$，$\lambda_2=6$ 为矩阵 $\boldsymbol{A}$ 的特征值. 当 $\lambda_1=2$ 时，根据式 1.1 可以得到

$$\begin{pmatrix} 3-2 & 1 \\ 3 & 5-2 \end{pmatrix}\begin{pmatrix} x_1 \\ x_2 \end{pmatrix}=\begin{pmatrix} 0 \\ 0 \end{pmatrix}.$$

求解得到 $x_1=-x_2$，因此当 $\lambda_1=2$ 时对应的特征向量可以为

$$\boldsymbol{p}_1=\begin{pmatrix} 1 \\ -1 \end{pmatrix}.$$

同理，当 $\lambda_1=6$ 时其对应的特征向量可以为

$$\boldsymbol{p}_2=\begin{pmatrix} 1 \\ 3 \end{pmatrix}.$$

由于矩阵的迹定义为主对角线元素之和，即

$$\operatorname{tr}(\boldsymbol{A})=\sum_{i=1}^{n}a_{ii}.$$

根据韦达定理（Vieta Theorem），矩阵所有特征值的和为该矩阵的迹，即

$$\operatorname{tr}(\boldsymbol{A})=\sum_{i=1}^{n}\lambda_i.$$

并且，矩阵所有特征值的积为矩阵的行列式，即

$$|\boldsymbol{A}|=\prod_{i=1}^{n}\lambda_i.$$

特征值和特征向量在机器学习的很多算法中都有应用，如主成分分析（Principal Component Analysis，PCA）、流形学习（Manifold Learning）、线性判别分析（Linear Discriminant Analysis，LDA）等.

如果方阵 $\boldsymbol{A}$ 的 n 个特征值各不相等，那么这 n 个特征值对应的特征向量也线性无关，即这 n 个特征列向量所形成的方阵 $\boldsymbol{P}$ 是可逆矩阵，因此可以将矩阵 $\boldsymbol{A}$ 分解为

$$\boldsymbol{A}=\boldsymbol{P}\boldsymbol{\Lambda}\boldsymbol{P}^{-1}.$$

其中，$\Lambda=\text{diag}(\lambda_1,\lambda_2,\cdots,\lambda_n)$，这就是矩阵的特征分解. 如果方阵 $\boldsymbol{A}$ 是对称矩阵，且其不同特征值对应的特征向量两两正交，则形成的矩阵 $\boldsymbol{P}$ 为正交矩阵. 而当 $\boldsymbol{A}$ 是任意方阵并且不同特征值对应的特征向量两两正交时，如果我们把向量 $\boldsymbol{x}$ 作为运动方向，则 $\boldsymbol{Ax}$ 在最大特征值对应的特征向量上有最大的速度值. 如果不同特征值对应的特征向量不两两正交，那么多个特征向量合成的向量上有最大的速度值.

我们知道，如果矩阵 $\boldsymbol{A}$ 的行列式不为 0，则矩阵 $\boldsymbol{A}$ 可逆，且

$$\boldsymbol{A}^{-1}=\frac{1}{|\boldsymbol{A}|}\boldsymbol{A}^*.$$

其中，$\boldsymbol{A}^*$ 为矩阵 $\boldsymbol{A}$ 的伴随矩阵. 在 n 阶行列式中，把 a_{ij} 所在的第 i 行和第 j 列删除后，留下来的 $n-1$ 阶行列式叫作 a_{ij} 的余子式 M_{ij}，把 $A_{ij}=(-1)^{i+j}M_{ij}$ 称为 a_{ij} 的代数余子式. 而伴随矩阵则是由各元素的代数余子式所构成的矩阵

$$\boldsymbol{A}^*=\begin{pmatrix} A_{11} & A_{21} & \cdots & A_{n1} \\ A_{12} & A_{22} & \cdots & A_{n2} \\ \vdots & \vdots & & \vdots \\ A_{1n} & A_{2n} & \cdots & A_{nn} \end{pmatrix}.$$

我们仍然以二阶矩阵为例，并假设已经得到对应特征值的特征向量矩阵 $\boldsymbol{P}$，即

$$\boldsymbol{A}=\begin{pmatrix} 3 & 1 \\ 3 & 5 \end{pmatrix},\quad \boldsymbol{P}=\begin{pmatrix} 1 & 1 \\ -1 & 3 \end{pmatrix},$$

则

$$\boldsymbol{P}^{-1}=\frac{1}{4}\begin{pmatrix} 3 & -1 \\ 1 & 1 \end{pmatrix}.$$

由于二阶矩阵 A 的特征值为 2 和 6，因此可以得到，

$$\boldsymbol{P\Lambda P}^{-1}=\begin{pmatrix} 1 & 1 \\ -1 & 3 \end{pmatrix}\begin{pmatrix} 2 & 0 \\ 0 & 6 \end{pmatrix}\begin{pmatrix} \frac{3}{4} & -\frac{1}{4} \\ \frac{1}{4} & \frac{1}{4} \end{pmatrix}$$

$$=\begin{pmatrix} 3 & 1 \\ 3 & 5 \end{pmatrix}=\boldsymbol{A}.$$

上述的例子是将方阵 $\boldsymbol{A}$ 通过特征分解，实现无任何损失的还原，这只是数学理论上的推导. 在实际工程应用中，我们可能只需要保留部分数值比较大的特征值，而将其他较小的特征值都设置为 0，即可近似恢复方阵 $\boldsymbol{A}$ 的数据. 例如，假设方阵 $\boldsymbol{A}$ 代表的是一幅正方形的图像，那么方阵 $\boldsymbol{A}$ 中的每个元素则为图像像素点的颜色数值. 对方阵 $\boldsymbol{A}$ 进行特征分解后，我们只需要保留少数比较大的特征值，并且在对角矩阵 $\boldsymbol{\Lambda}$ 中按照从大到小的次序对特征值进行排列，然后通过计算 $\boldsymbol{P\Lambda P}^{-1}$，我们就可以得到原始图像的近似图像.

1.2.4 奇异值分解

特征值分解是提取矩阵特征很不错的方法，但这只是针对方阵而言的，在现实生活中大部分的矩阵并不是方阵，而描述这些普通矩阵的重要特征则采用奇异值分解. 奇异值分解可以适用于任意矩阵的分解. 假设矩阵 $\boldsymbol{A}$ 是一个 $m\times n$ 的矩阵，则存在如下分解：

$$\boldsymbol{A}=\boldsymbol{U}\boldsymbol{D}\boldsymbol{V}^{\mathrm{T}} .$$

其中，矩阵 $\boldsymbol{U}$ 为 $m\times m$ 的正交矩阵，其列称为矩阵 $\boldsymbol{A}$ 的左奇异向量。$\boldsymbol{V}$ 为 $n\times n$ 的正交矩阵，其列称为矩阵 $\boldsymbol{A}$ 的右奇异向量. 矩阵 $\boldsymbol{D}$ 定义为 $m\times n$ 的对角矩阵，除了主对角线元素 σ_i（奇异值）以外，其他元素均为 0，同时 σ_i 为非负实数且满足 $\sigma_1\geqslant\sigma_2\geqslant\cdots\geqslant0$. $\boldsymbol{V}$ 的列为 $\boldsymbol{A}^{\mathrm{T}}\boldsymbol{A}$ 的特征向量，即

$$(\boldsymbol{A}^{\mathrm{T}}\boldsymbol{A})\boldsymbol{v}_i=\lambda_i\boldsymbol{v}_i,$$

$$\sigma_i=\sqrt{\lambda_i},$$

$$\boldsymbol{\mu}_i=\frac{1}{\sigma_i}\boldsymbol{A}\boldsymbol{v}_i .$$

奇异值分解可以将一个比较复杂的矩阵用更小、更简单的几个子矩阵的乘积来表示. 奇异值分解的主要应用为 PCA，用来找出大量数据中所隐含的信息. PCA 算法的作用是把数据集映射到低维空间. 降维的过程就是舍弃不重要的特征向量的过程，而剩下的特征向量组成降维后的特征空间.

1.2.5 二次型

设有 n 个变量 $x_1,x_2,\cdots,x_n$ 的二次齐次函数为

$$f(x_1,x_2,\cdots,x_n)=a_{11}x_1^2+a_{22}x_2^2+\cdots+a_{nn}x_n^2+2a_{12}x_1x_2+2a_{13}x_1x_3+\cdots+2a_{1n}x_1x_n+\cdots+2a_{n-1,n}x_{n-1}x_n ,$$

我们称之为二次型.

如果 $a_{ij}=a_{ji}$，则 $2a_{ij}x_ix_j=a_{ij}x_ix_j+a_{ji}x_jx_i$，因此二次型可以写成

$$\begin{aligned}f(x_1,x_2,\cdots,x_n)&=a_{11}x_1^2+a_{12}x_1x_2+\cdots+a_{1n}x_1x_n+\\&\quad a_{21}x_2x_1+a_{22}x_2^2+\cdots+a_{2n}x_2x_n+\\&\quad \cdots+a_{n1}x_nx_1+a_{n2}x_nx_2+\cdots+a_{nn}x_n^2\\&=\sum_{i=1}^{n}\sum_{j=1}^{n}a_{ij}x_ix_j .\end{aligned}$$

利用对称矩阵，可以将二次型表示为

$$f(\boldsymbol{x})=(x_1,x_2,\cdots,x_n)\begin{pmatrix}a_{11}&a_{12}&\cdots&a_{1n}\\a_{21}&a_{22}&\cdots&a_{2n}\\\vdots&\vdots&&\vdots\\a_{n1}&a_{n2}&\cdots&a_{nn}\end{pmatrix}\begin{pmatrix}x_1\\x_2\\\vdots\\x_n\end{pmatrix}.$$

如果 $\boldsymbol{x}$ 采用列向量的形式，则有

$$f(\boldsymbol{x})=\boldsymbol{x}^{\mathrm{T}}\boldsymbol{A}\boldsymbol{x} . \qquad (1.2)$$

其中 $\boldsymbol{A}$ 为对称矩阵. 如果对任何 $\boldsymbol{x}\neq\boldsymbol{O}$，都有 $f(\boldsymbol{x})>0$，则称 $f(\boldsymbol{x})$ 为正定二次型，并称

对称矩阵 $\boldsymbol{A}$ 是正定的；如果对任何 $\boldsymbol{x} \neq \boldsymbol{O}$，都有 $f(\boldsymbol{x}) < 0$，则称 $f(\boldsymbol{x})$ 为负定二次型，并称对称矩阵 $\boldsymbol{A}$ 是负定的.

若以 $f(\boldsymbol{x}) = x_1^2 + x_2^2 + x_3^2 - 2x_1x_2 + 6x_2x_3$ 为例，则列向量 $\boldsymbol{x}$ 为

$$\boldsymbol{x}^{\mathrm{T}} = (x_1, x_2, x_3) .$$

如果采用对称矩阵形式来表示，则

$$f(\boldsymbol{x}) = (x_1, x_2, x_3)\begin{pmatrix} 1 & -1 & 0 \\ -1 & 1 & 3 \\ 0 & 3 & 1 \end{pmatrix}\begin{pmatrix} x_1 \\ x_2 \\ x_3 \end{pmatrix}.$$

判断对称矩阵 $\boldsymbol{A}$ 是否为正定的方法有如下两种.

（1）若对称矩阵 $\boldsymbol{A}$ 的特征值全为正，则对称矩阵 $\boldsymbol{A}$ 为正定. 若其特征值全为负，则对称矩阵 $\boldsymbol{A}$ 为负定.

（2）根据赫尔维茨定理（Hurwitz Theorem），当对称矩阵 $\boldsymbol{A}$ 的各阶主子式都为正时，$\boldsymbol{A}$ 为正定，即

$$a_{11} > 0, \begin{vmatrix} a_{11} & a_{12} \\ a_{21} & a_{22} \end{vmatrix} > 0, \cdots, \begin{vmatrix} a_{11} & \cdots & a_{1n} \\ \vdots & & \vdots \\ a_{n1} & \cdots & a_{nn} \end{vmatrix} > 0 .$$

而当对称矩阵 $\boldsymbol{A}$ 的奇数阶主子式为负、偶数阶主子式为正时，$\boldsymbol{A}$ 为负定，即

$$(-1)^k \begin{vmatrix} a_{11} & \cdots & a_{1k} \\ \vdots & & \vdots \\ a_{k1} & \cdots & a_{kk} \end{vmatrix} > 0, (k = 1, 2, \cdots, n) .$$

二次型中的 $\boldsymbol{A}$ 最为典型的是黑塞矩阵（Hessian Matrix），通过对矩阵正定和负定性质的分析，我们可以实现对多元函数极值的判断，这些我们在本章的后续内容中再详细讨论. 同时，通过对矩阵特征分解的学习，我们知道如果矩阵 $\boldsymbol{A}$ 是对称矩阵，并且对应特征值的特征向量两两正交，那么矩阵 $\boldsymbol{A}$ 可以分解为 $\boldsymbol{P\Lambda P}^{-1}$，其中的矩阵 $\boldsymbol{P}$ 为正交矩阵. 我们知道几何空间中的图形变换主要包括旋转、拉伸和投影，而投影主要用于几何空间的维度改变. 若令 $\boldsymbol{x}^{\mathrm{T}}(\boldsymbol{P\Lambda P}^{-1})\boldsymbol{x} = 1$ 是多维几何空间的多元二次方程，在维度不变且矩阵 $\boldsymbol{P}$ 中的列向量为单位正交向量的情况下，图形的旋转由矩阵 $\boldsymbol{P}$ 决定，图形的拉伸则由对角矩阵 $\boldsymbol{\Lambda}$ 决定. 如果只保留对角矩阵 $\boldsymbol{\Lambda}$，那么我们可以对旋转后的图形进行校正.

1.2.6 范数

范数（Norm）是将向量映射到非负值的函数，表征向量空间中向量的大小. L^p 范数定义为

$$\|\boldsymbol{x}\|_p = \left(\sum_i |x_i|^p\right)^{\frac{1}{p}},$$

其中 p 为大于等于 1 的正整数.

当 $p=1$ 时，L^1 范数为

$$\|\boldsymbol{x}\|_1=\sum_i |x_i|.$$

在机器学习中，当零与非零元素之间的差异很重要时，通常会使用 L^1 范数.

当 $p=2$ 时，L^2 范数称为欧几里得范数（Euclidean Norm），即

$$\|\boldsymbol{x}\|_2=\sqrt{\sum_i |x_i|^2},$$

它表示从原点出发到向量确定点的欧几里得距离. L^2 范数也经常用来衡量向量大小.

L^∞ 范数也被称为最大范数，这个范数表示向量中具有最大幅值元素的绝对值，即

$$\|\boldsymbol{x}\|_\infty=\max_i |x_i|.$$

有时候我们也希望能衡量矩阵的大小. 在深度学习中，最常见的做法之一是使用弗罗贝尼乌斯范数（Frobenius Norm），其形式类似于向量的 L^2 范数.

1.2.7 导数与偏导数

设函数 $y=f(x)$ 在点 x_0 的某邻域 $U(x_0)$ 内有定义，当自变量 x 在点 x_0 处取得改变量 $\Delta x(x_0+\Delta x\in U(x_0))$ 时，相应的因变量 y 取得改变量 $\Delta y=f(x_0+\Delta x)-f(x_0)$. 当 $\Delta x\to 0$ 时，若其比值 $\Delta y/\Delta x$ 的极限存在，则称函数 $y=f(x)$ 在点 x_0 处可导，并称此极限值为函数 $y=f(x)$ 在点 x_0 处的导数值，记为 $f'(x_0)$，即

$$f'(x_0)=\lim_{\Delta x\to 0}\frac{f(x_0+\Delta x)-f(x_0)}{\Delta x}.$$

如果函数 $f(x)$ 在区间 (a,b) 内每一点都可导，则称 $f'(x)$ 为 $f(x)$ 的导数，记为

$$f'(x)=\frac{\mathrm{d}y}{\mathrm{d}x}=\lim_{\Delta x\to 0}\frac{f(x+\Delta x)-f(x)}{\Delta x},\quad x\in(a,b).$$

通常情况下 $f'(x)$ 仍然是 x 的函数，若 $f'(x)$ 的导数还继续存在，那么称 $f''(x)$ 为二阶导数，$f''(x)$ 也可以写成

$$f''(x)=\frac{\mathrm{d}}{\mathrm{d}x}\left(\frac{\mathrm{d}y}{\mathrm{d}x}\right)=\frac{\mathrm{d}^2y}{\mathrm{d}x^2}.$$

1. 复合函数的求导

设函数 $u=\varphi(x)$ 在点 x 处可导，而函数 $y=f(u)$ 在 x 对应的点 u 处可导，则复合函数 $y=f[\varphi(x)]$ 在点 x 处也可导，即

$$\frac{\mathrm{d}y}{\mathrm{d}x}=\frac{\mathrm{d}y}{\mathrm{d}u}\cdot\frac{\mathrm{d}u}{\mathrm{d}x}.$$

2. 偏导数

前面我们主要讨论了单一自变量的一元函数导数，而当自变量为向量或多元函数时，如何对函数进行求导呢？以函数 $z=f(x,y)$ 为例，设该函数在点 $P_0(x_0,y_0)$ 的某一邻域内有定义，当 y 固定为 y_0 而 x 在 x_0 处有增量 Δx 时，函数有增量 $\Delta_x z=f(x_0+\Delta x,y_0)-f(x_0,y_0)$，如果其极限

$$\lim_{\Delta x\to 0}\frac{\Delta_x z}{\Delta x}=\lim_{\Delta x\to 0}\frac{f(x_0+\Delta x,y_0)-f(x_0,y_0)}{\Delta x}$$

存在，则称此极限值为函数 $z=f(x,y)$ 在点 $P_0(x_0,y_0)$ 处对 x 的偏导数值，记为

$$\left.\frac{\partial z}{\partial x}\right|_{(x_0,y_0)}$$

或

$$\left.\frac{\partial f}{\partial x}\right|_{(x_0,y_0)},$$

也可以记为

$$f_x(x_0,y_0).$$

同理，函数 $z=f(x,y)$ 在点 $P_0(x_0,y_0)$ 处对 y 的偏导数值定义为

$$\lim_{\Delta y\to 0}\frac{\Delta_y z}{\Delta y}=\lim_{\Delta y\to 0}\frac{f(x_0,y_0+\Delta y)-f(x_0,y_0)}{\Delta y}.$$

记为

$$\left.\frac{\partial z}{\partial y}\right|_{(x_0,y_0)}\quad f_y(x_0,y_0).$$

如果函数 $z=f(x,y)$ 在区域 D 内每一点 (x,y) 处，$f_x(x,y)$、$f_y(x,y)$ 均存在，则称它们为 $f(x,y)$ 在 D 上的偏导函数.

多元函数的偏导数是一元函数导数的推广，假设有 n 元函数 $f(x_1,x_2,\cdots,x_n)$，它对自变量 x_i 的偏导数定义为

$$\frac{\partial f}{\partial x_i}=\lim_{\Delta x_i\to 0}\frac{f(x_1,\cdots,x_i+\Delta x_i,\cdots,x_n)-f(x_1,\cdots,x_n)}{\Delta x_i}.$$

在求解偏导数时，我们只对需要求导的变量求导，而把其他变量看作常量.

例如，有三元函数 $f(\boldsymbol{x})=x_1^3+2x_1x_2+3x_2x_3$，其对 x_1 的偏导数为

$$\frac{\partial f}{\partial x_1}=3x_1^2+2x_2,$$

即在求解函数对 x_1 的偏导数时，我们需要把 x_2、x_3 看成常数，因此 $3x_2x_3$ 项对 x_1 的偏导数为 0.

3. 高阶偏导数

设函数 $z=f(x,y)$ 在区域 D 内具有偏导数 $f_x(x,y)$、$f_y(x,y)$，通常它们仍然是 x、y 的二元函数，如果这两个二元函数的偏导数继续存在，则称这些偏导数是 $z=f(x,y)$ 的二阶偏导数.

例如，如果将一阶偏导数 $f_x(x,y)$ 再对 x 求偏导，那么可以得到

$$\frac{\partial}{\partial x}\left(\frac{\partial z}{\partial x}\right)=\frac{\partial^2 z}{\partial x^2}=f_{xx}(x,y).$$

如果将一阶偏导数 $f_x(x,y)$ 再对 y 求偏导，那么可以得到

$$\frac{\partial}{\partial y}\left(\frac{\partial z}{\partial x}\right)=\frac{\partial^2 z}{\partial x\partial y}=f_{xy}(x,y).$$

同理可以得到

$$\frac{\partial}{\partial x}\left(\frac{\partial z}{\partial y}\right)=\frac{\partial^2 z}{\partial y\partial x}=f_{yx}(x,y),$$

$$\frac{\partial}{\partial y}\left(\frac{\partial z}{\partial y}\right)=\frac{\partial^2 z}{\partial y^2}=f_{yy}(x,y).$$

其中，$f_{xy}(x,y)$ 、$f_{yx}(x,y)$ 称为二阶混合偏导数.

以 $f(x,y)=(3x+4y)^2$ 为例，根据偏导数的求导法则，我们可以得到

$$f_x(x,y)=18x+24y,\ f_y(x,y)=24x+32y,$$

$$f_{xx}(x,y)=18,\ f_{xy}(x,y)=24,\ f_{yx}(x,y)=24,\ f_{yy}(x,y)=32.$$

4．多元复合函数求导的链式法则

设二元函数 $z=f(u,v)$ 定义在 $\mathbf{R}^2$ 内的某个开集 $\mathbf{D}$ 内，又设 $u=u(x,y)$ 、$v=v(x,y)$ 定义在 $\mathbf{R}^2$ 内的某个开集 $\mathbf{E}$ 内，即

$$\{(u,v)|u=u(x,y),v=v(x,y),(x,y)\in\mathbf{E}\}\subset\mathbf{D}.$$

于是由 f 以及 u 、v 可构成一个复合函数

$$z=f[u(x,y),v(x,y)],(x,y)\in\mathbf{E}.$$

如果 $u=u(x,y)$ 、$v=v(x,y)$ 在点（x,y）处的偏导数均存在，函数 $z=f(u,v)$ 在对应点（u,v）处的偏导数也均存在，则复合函数 $z=f[u(x,y),v(x,y)]$ 在点（x,y）处的偏导数 $\frac{\partial z}{\partial x}$ 、$\frac{\partial z}{\partial y}$ 存在，且有链式法则：

$$\frac{\partial z}{\partial x}=\frac{\partial f}{\partial u}\frac{\partial u}{\partial x}+\frac{\partial f}{\partial v}\frac{\partial v}{\partial x},$$

$$\frac{\partial z}{\partial y}=\frac{\partial f}{\partial u}\frac{\partial u}{\partial y}+\frac{\partial f}{\partial v}\frac{\partial v}{\partial y}.$$

5．微分

（1）一元函数微分

设函数 $y=f(x)$ 在点 x_0 处的某邻域内有定义，若函数在点 x_0 的改变量为

$$\Delta y=f(x_0+\Delta x)-f(x_0),$$

且与自变量的改变量 Δx ，满足下列关系

$$\Delta y=A(x)\Delta x+o(\Delta x).$$

其中 $A(x)$ 与 Δx 无关，$o(\Delta x)$ 是 $\Delta x(\Delta x\to 0)$ 的高阶无穷小，则称函数 $y=f(x)$ 在点 x_0 处可微，称 $A(x)\Delta x$ 为函数 $y=f(x)$ 在点 x_0 处的微分，记为

$$\mathrm{d}y\big|_{x=x_0}=A(x)\Delta x.$$

一般将自变量的改变量 Δx 规定为自变量的微分，记为 $\mathrm{d}x$ ，由于

$$A(x) = f'(x).$$

因此函数的微分表达式又可记为

$$dy = f'(x)dx.$$

其中 dx 与 dy 都有确定的意义，它们分别是自变量 x 与因变量 y 的微分，这就是前面将导数表示为这两个微分之商的原因，即

$$\frac{dy}{dx} = f'(x).$$

（2）多元函数的全微分

与一元函数微分类似，可以引进多元函数的全微分．以二元函数为例，设 **D** 是 $\mathbf{R}^2$ 中的一个开集，任意点 $(x,y) \in \mathbf{D}$， $z = f(x,y)$ 是定义在 **D** 内的函数．如果全增量

$$\Delta z = f(x+\Delta x, y+\Delta y) - f(x,y)$$

可表示为

$$\Delta z = A(x,y)\Delta x + B(x,y)\Delta y + o(\rho).$$

其中 $A(x,y)$ 、 $B(x,y)$ 是两个仅与点（ x,y ）有关而与 Δx 、 Δy 无关的函数，$\rho = \sqrt{(\Delta x)^2 + (\Delta y)^2}$ ， $o(\rho)$ 是当 $\rho \to 0$ 时关于 ρ 的高阶无穷小，则称函数 $z = f(x,y)$ 在（ x,y ）处可微，并将

$$A(x,y)\Delta x + B(x,y)\Delta y$$

称为函数 $z = f(x,y)$ 在点（ x,y ）处的全微分，记为

$$dz = A(x,y)\Delta x + B(x,y)\Delta y.$$

如果记 $\Delta x = dx$ ， $\Delta y = dy$ ，则全微分 dz 又可记为

$$dz = A(x,y)dx + B(x,y)dy.$$

其中，

$$A(x,y) = \frac{\partial z}{\partial x},\ B(x,y) = \frac{\partial z}{\partial y}.$$

1.2.8 方向导数与梯度

1. 方向导数

从平面上任意一点出发，可以有无限多个方向，偏导数实际上仅仅反应二元函数沿 x 轴方向与 y 轴方向的变化率．如果要进一步研究二元函数沿某个方向的变化率，就需引进方向导数的概念．

如图 1-3 所示，设函数 $z = f(x,y)$ 在点 $P(x,y)$ 的某一邻域 $U(P)$ 内有定义，由点 P 引一条射线 l，其单位方向向量为（$\cos\alpha, \cos\beta$），设 $Q(x+\Delta x, y+\Delta y)$ 为 l 上的另一点且 $Q \in U(P)$． P 与 Q 之间的距离记为 $\rho = \sqrt{(\Delta x)^2 + (\Delta y)^2}$ ， $\Delta x = \rho\cos\alpha$ ， $\Delta y = \rho\cos\beta$ ，当 Q 沿 l 趋于 P 时，如果

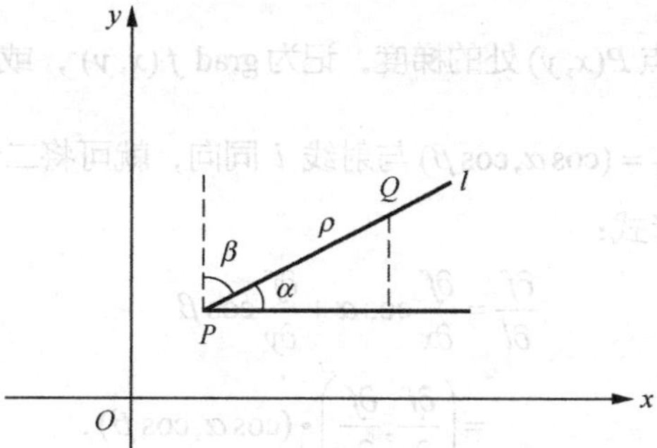

图 1-3　二维空间向量

$$\frac{f(x+\Delta x, y+\Delta y)-f(x,y)}{\rho}$$

的极限存在，则称该极限值为函数 $z=f(x,y)$ 在点 P 沿 l 方向的方向导数，记为

$$\left.\frac{\partial f}{\partial l}\right|_P=\lim_{\rho\to 0}\frac{f(x+\Delta x, y+\Delta y)-f(x,y)}{\rho}.$$

值得注意的是，方向导数 $\frac{\partial f}{\partial l}$ 与偏导数 $\frac{\partial f}{\partial x}$、$\frac{\partial f}{\partial y}$ 是两个不同的概念. 方向导数是 $z=f(x,y)$ 在点（x,y）沿射线 l 方向的变化率，其中 $\rho>0$． 而偏导数

$$\frac{\partial f}{\partial x}=\lim_{\Delta x\to 0}\frac{f(x+\Delta x, y)-f(x,y)}{\Delta x},$$

$$\frac{\partial f}{\partial y}=\lim_{\Delta y\to 0}\frac{f(x, y+\Delta y)-f(x,y)}{\Delta y},$$

则是函数在某点沿坐标轴方向的变化率，其中 Δx 、Δy 可正可负.

设函数 $z=f(x,y)$ 在点 $P(x,y)$ 处可微，则有

$$f(x+\Delta x, y+\Delta y)-f(x,y)=f_x(x,y)\Delta x+f_y(x,y)\Delta y+o\left(\sqrt{(\Delta x)^2+(\Delta y)^2}\right).$$

若 $\rho=\sqrt{(\Delta x)^2+(\Delta y)^2}$ ，$o(\rho)$ 是当 $\rho\to 0$ 时关于 ρ 的高阶无穷小，则

$$\lim_{\rho\to 0}\frac{f(x+\Delta x, y+\Delta y)-f(x,y)}{\rho}=f_x(x,y)\cos\alpha+f_y(x,y)\cos\beta.$$

即函数在点 $P(x,y)$ 处存在沿任一方向 l 的方向导数为

$$\frac{\partial f}{\partial l}=\frac{\partial f}{\partial x}\cos\alpha+\frac{\partial f}{\partial y}\cos\beta.$$

其中 $\cos\alpha$ 、$\cos\beta$ 为 l 的方向余弦.

2．梯度

函数 $f(x,y)$ 在给定点沿不同方向得到的方向导数一般是不相同的，那么沿哪个方向得到的方向导数最大？最大值是多少？为了解决这一问题，我们引入梯度（Gradient）的概念.

首先以二元函数为例，设函数 $f(x,y)$ 定义域为 D ，并且在点 $P(x,y)\in D$ 处可微，我们称

向量$\left(\frac{\partial f}{\partial x},\frac{\partial f}{\partial y}\right)$为$f(x,y)$在点$P(x,y)$处的梯度，记为grad $f(x,y)$，或$\nabla f(x,y)$.

如果有单位方向向量$\boldsymbol{e}_l=(\cos\alpha,\cos\beta)$与射线 l 同向，就可将二元函数$f(x,y)$沿射线l的方向导数写成向量内积的形式：

$$\begin{aligned}\frac{\partial f}{\partial l}&=\frac{\partial f}{\partial x}\cos\alpha+\frac{\partial f}{\partial y}\cos\beta\\&=\left(\frac{\partial f}{\partial x},\frac{\partial f}{\partial y}\right)\cdot(\cos\alpha,\cos\beta).\end{aligned}$$

由于单位方向向量$\boldsymbol{e}_l$的模为 1，因此$f(x,y)$的方向导数又可以写成

$$\frac{\partial f}{\partial l}=\|\nabla f(x,y)\|\cos\theta,$$

其中θ是单位方向向量$\boldsymbol{e}_l$和$\nabla f(x,y)$之间的夹角．由此，我们可得到以下结果.

（1）函数$f(x,y)$在点(x,y)的所有方向导数均不会超过梯度$\nabla f(x,y)$的模.

（2）函数$f(x,y)$在点(x,y)沿l方向的方向导数等于梯度$\nabla f(x,y)$在l方向上的投影.

（3）当$\theta=0$时，函数$f(x,y)$在点（x,y）的方向导数达到最大，即当l的方向就是梯度的方向时，方向导数最大．换句话说，沿着梯度方向，函数的变化率最大，函数值增长最快.

（4）方向导数的最大值为$\|\nabla f(x,y)\|$.

（5）当$\theta=\pi$时，即当l取梯度的反方向时，方向导数达到最小值$-\|\nabla f(x,y)\|$，也就是沿负梯度方向函数值减小最快．因此，在深度学习的模型训练过程中，绝大多数学习算法都采用梯度下降（Gradient Descent）的方法来求解模型参数，如随机梯度下降（Stochastic Gradient Descent，SGD）等.

对于n元函数$f(x_1,x_2,\cdots,x_n)$，其梯度用行向量表示时为

$$\nabla f(x_1,x_2,\cdots,x_n)=\left(\frac{\partial f}{\partial x_1},\frac{\partial f}{\partial x_2},\cdots,\frac{\partial f}{\partial x_n}\right)$$

1.2.9 泰勒公式

对于一些较复杂的函数，为了便于研究，我们往往希望用一些简单的函数来近似表示．由于多项式函数只涉及对自变量的有限次加、减、乘 3 种算术运算，求函数值及其他运算都很简便，因此我们希望用多项式来近似表达一般函数（又称函数的多项式逼近），这种近似表示就是泰勒公式.

1．一元函数的泰勒公式

若函数$f(x)$在x_0处n阶可导，则在x_0的邻域内对任意x有

$$f(x)=f(x_0)+f'(x_0)(x-x_0)+\frac{f''(x_0)}{2!}(x-x_0)^2+\cdots+\frac{f^{(n)}(x_0)}{n!}(x-x_0)^n+R_n(x).$$

其中，$R_n(x)=o((x-x_0)^n)$，由于在该邻域内$x\to x_0$，因此$R_n(x)=o((x-x_0)^n)\to 0$.

以$f(x)=2x^2+3x+4$为例，$f(x)$在x=1 处的一、二阶导数分别为

$$f'(x)=4x+3,\quad f'(1)=7;$$

$$f''(x)=4,\ f''(1)=4.$$

因此 $f(x)$ 在 x=1 处的一阶泰勒展开式为

$$f(x)=f(1)+f'(1)(x-1)=9+7(x-1)=7x+2.$$

$f(x)$ 在 x=1 处的二阶泰勒展开式为

$$f(x)=f(1)+f'(1)(x-1)+\frac{1}{2}f''(1)(x-1)^2=2x^2+3x+4.$$

2. 二元函数的泰勒公式

以二元函数为例，如果函数 $f(x,y)$ 在点（x_0,y_0）的某邻域内具有 $n+1$ 阶连续偏导数，（x,y）为此邻域内的任一点，$x=x_0+\Delta x$，$y=y_0+\Delta y$，则具有如下泰勒公式：

$$f(x,y)=f(x_0,y_0)+\left(\Delta x\frac{\partial}{\partial x}+\Delta y\frac{\partial}{\partial y}\right)f(x_0,y_0)+\frac{1}{2!}\left(\Delta x\frac{\partial}{\partial x}+\Delta y\frac{\partial}{\partial y}\right)^2 f(x_0,y_0)+\cdots+$$

$$\frac{1}{n!}\left(\Delta x\frac{\partial}{\partial x}+\Delta y\frac{\partial}{\partial y}\right)^n f(x_0,y_0)+R_n.$$

其中，

$$R_n=\frac{1}{(n+1)!}\left(\Delta x\frac{\partial}{\partial x}+\Delta y\frac{\partial}{\partial y}\right)^{n+1} f(x_0+\theta\Delta x,y_0+\theta\Delta y),0<\theta<1.$$

根据一、二阶偏导数，我们可以得到

$$\left(\Delta x\frac{\partial}{\partial x}+\Delta y\frac{\partial}{\partial y}\right)f(x_0,y_0)=\Delta xf_x(x_0,y_0)+\Delta yf_y(x_0,y_0),$$

$$\left(\Delta x\frac{\partial}{\partial x}+\Delta y\frac{\partial}{\partial y}\right)^2 f(x_0,y_0)=(\Delta x)^2 f_{xx}(x_0,y_0)+2(\Delta x\Delta y)f_{xy}(x_0,y_0)+(\Delta y)^2 f_{yy}(x_0,y_0).$$

3. 多元函数的泰勒公式

从二元函数的泰勒展开式中，我们可以得到

$$\left(\Delta x\frac{\partial}{\partial x}+\Delta y\frac{\partial}{\partial y}\right)f(x_0,y_0)=(x-x_0)f_x(x_0,y_0)+(y-y_0)f_y(x_0,y_0).$$

而对于多元函数 $f(\boldsymbol{x})=f(x_1,x_2,\cdots,x_n)$，当 $\boldsymbol{x}=(x_1,x_2,\cdots,x_n)^{\mathrm{T}}$ 和梯度均为列向量时，若在 $\boldsymbol{x}=\boldsymbol{x}_0$ 处对此多元函数进行泰勒展开，那么有

$$\left(\Delta x_1\frac{\partial}{\partial x_1}+\cdots+\Delta x_n\frac{\partial}{\partial x_n}\right)f(\boldsymbol{x}_0)=(\boldsymbol{x}-\boldsymbol{x}_0)^{\mathrm{T}}\nabla f(\boldsymbol{x}_0),$$

$$\left(\Delta x_1\frac{\partial}{\partial x_1}+\cdots+\Delta x_n\frac{\partial}{\partial x_n}\right)^2 f(\boldsymbol{x}_0)=(\boldsymbol{x}-\boldsymbol{x}_0)^{\mathrm{T}}\nabla^2 f(\boldsymbol{x}_0)(\boldsymbol{x}-\boldsymbol{x}_0).$$

因此，n 元函数在 $\boldsymbol{x}_0$ 处的二阶泰勒展开式为

$$f(\boldsymbol{x})=f(\boldsymbol{x}_0)+(\boldsymbol{x}-\boldsymbol{x}_0)^{\mathrm{T}}\nabla f(\boldsymbol{x}_0)+\frac{1}{2}(\boldsymbol{x}-\boldsymbol{x}_0)^{\mathrm{T}}\nabla^2 f(\boldsymbol{x}_0)(\boldsymbol{x}-\boldsymbol{x}_0).$$

其中，$\nabla f(\boldsymbol{x}_0)$ 代表 $f(\boldsymbol{x})$ 在 $\boldsymbol{x}_0$ 处的梯度，$\nabla^2 f(\boldsymbol{x}_0)$ 代表 $f(\boldsymbol{x})$ 在 $\boldsymbol{x}_0$ 处的黑塞矩阵. 我们回顾一下，1.2.5 小节中讲到的多元二次齐次函数可以表示为 $f(\boldsymbol{x})=\boldsymbol{x}^{\mathrm{T}}\boldsymbol{A}\boldsymbol{x}$，其中的矩阵 $\boldsymbol{A}$ 为 n 阶对称矩阵，那么这里的黑塞矩阵又是怎样的矩阵呢？

4. 黑塞矩阵

黑塞矩阵是由多元函数的二阶偏导数组成的矩阵. 如果函数 $f(\boldsymbol{x})=f(x_1,x_2,\cdots,x_n)$ 二阶可导，则其黑塞矩阵定义为

$$\begin{pmatrix} \dfrac{\partial^2 f}{\partial x_1^2} & \dfrac{\partial^2 f}{\partial x_1 x_2} & \cdots & \dfrac{\partial^2 f}{\partial x_1 x_n} \\ \dfrac{\partial^2 f}{\partial x_2 x_1} & \dfrac{\partial^2 f}{\partial x_2^2} & \cdots & \dfrac{\partial^2 f}{\partial x_2 x_n} \\ \vdots & \vdots & & \vdots \\ \dfrac{\partial^2 f}{\partial x_n x_1} & \dfrac{\partial^2 f}{\partial x_n x_2} & \cdots & \dfrac{\partial^2 f}{\partial x_n^2} \end{pmatrix}.$$

这是一个 n 阶矩阵. 由于多元函数的混合二阶偏导数与求导次序无关，即

$$\frac{\partial^2 f}{\partial x_1 x_2}=\frac{\partial^2 f}{\partial x_2 x_1},$$

因此黑塞矩阵是一个对称矩阵. 如果对应特征值的特征向量两两正交，那么黑塞矩阵可以特征分解为 $\boldsymbol{P}\boldsymbol{\Lambda}\boldsymbol{P}^{-1}$ 的形式，其中矩阵 $\boldsymbol{P}$ 为正交矩阵.

1.2.10 函数的极值点

1. 一元函数的极值点

设函数 $f(x)$ 在点 x_0 的某邻域内有定义，若对于某个去心邻域内的任意 x，都有

$$f(x)<f(x_0) \text{（或 } f(x)>f(x_0) \text{）},$$

则称 $f(x_0)$ 为函数 $f(x)$ 的一个极大（或极小）值，而称点 x_0 为 $f(x)$ 的极大（或极小）值点. 函数的极大值与极小值统称为极值. 由于函数的极值定义在点 x_0 的某邻域内，因此函数的极值概念一般是局部性的，一个函数可能有多个极小值或极大值，而这些极值中的最大值称为全局最大值，极值中的最小值称为全局最小值. 在机器学习中，当函数为损失函数（Loss Function）时，局部极小值点常称为局部最优解，全局最小值点常称为全局最优解.

（1）驻点

驻点是指使函数 $f(x)$ 一阶导数 $f'(x)=0$ 的点. 例如，函数 $f(x)=2x^3-6x^2-18x+7$，则 $x=-1$ 和 $x=3$ 是函数 $f(x)$ 的驻点.

（2）极小值点

可导函数 $f(x)$ 在 $x=x_0$ 处为极小值的充分必要条件是函数 $f(x)$ 在 $x=x_0$ 处的一阶导数 $f'(x)=0$，即 $x=x_0$ 为驻点，且 $f(x)$ 在 $x=x_0$ 处的二阶导数 $f''(x)>0$，则 x_0 为函数 $f(x)$ 的极

小值点．例如，函数 $f(x)=2x^3-6x^2-18x+7$，则 $x=3$ 是函数 $f(x)$ 的极小值点．

（3）极大值点

可导函数 $f(x)$ 在 $x=x_1$ 处为极大值的充分必要条件是函数 $f(x)$ 在 $x=x_1$ 处的一阶导数 $f'(x)=0$，即 $x=x_1$ 为驻点，且 $f(x)$ 在 $x=x_1$ 处的二阶导数 $f''(x)<0$，则 x_1 为函数 $f(x)$ 的极大值点．例如，函数 $f(x)=2x^3-6x^2-18x+7$，则 $x=-1$ 是函数 $f(x)$ 的极大值点．

2．多元函数的极值点

（1）驻点

同一元函数类似，对于多元函数 $f(\boldsymbol{x})$，若函数在点 $\boldsymbol{x}_0$ 处的梯度 $\nabla f(\boldsymbol{x})=\boldsymbol{O}$，则称该点为驻点．例如，多元函数 $f(x_1,x_2)=6x_1^2+2x_2^2-24x_1$，若 $\nabla f(\boldsymbol{x})=(12x_1-24,4x_2)=\boldsymbol{O}$，我们可以得到 $\boldsymbol{x}_0=(2,0)$，即多元函数 $f(\boldsymbol{x})$ 在 $\boldsymbol{x}_0=(2,0)$ 处为驻点．

（2）极值点

多元函数极值点通常采用黑塞矩阵来进行判断．假设多元函数在点 $\boldsymbol{x}_1$ 处的梯度 $\nabla f(\boldsymbol{x})=\boldsymbol{O}$，即首先 $\boldsymbol{x}_1$ 必须是驻点，如果黑塞矩阵正定，函数在该点有极小值；如果黑塞矩阵负定，函数在该点有极大值．

机器学习的关键就是寻找损失函数的极值点，通常采用迭代方法，即从一个初始点 $\boldsymbol{x}_0$ 开始，反复使用某种规则（如前文描述的梯度下降算法）从 $\boldsymbol{x}_k$ 移动到下一个点 $\boldsymbol{x}_{k+1}$，直至到达或接近函数的极值点．

1.2.11 随机变量与概率分布

1．一维随机变量

设 $\boldsymbol{\Omega}$ 是随机试验 E 的样本空间，若对于每一个样本点 $\omega\in\boldsymbol{\Omega}$，都有唯一的实数 $X(\omega)$ 与之对应，且对于任意实数 x，都有确定的概率 $P\{X(\omega)\leqslant x\}$ 或 $P\{X(\omega)=x_i\}$ 与之对应，则称 $X(\omega)$ 为随机变量，简记为 X，而把 $\{X(\omega)\leqslant x\}$、$\{X(\omega)=x_i\}$ 等称为随机事件．如果觉得描述过于抽象，那么可以简单地将 X 理解为坐标轴，而 x 为坐标轴上的任意取值．

2．一维随机变量的分布函数

如果随机变量 X 只取有限个或可列无穷多个数值，如 $x_1,x_2,\cdots,x_n,\cdots$，则称 X 为离散随机变量，并称

$$P\{X=x_i\}=p_i(i=1,2,\cdots)$$

为离散随机变量 X 的分布律，其中 p_i 为各种可能取值的概率．

而对于非离散随机变量，其取值为连续值，无法进行列举，因此主要考虑其取值落在某个区间的概率．假设 $\boldsymbol{\Omega}$ 是随机试验 E 的样本空间，X 为随机变量，x 是随机变量的任意实数值，则称函数

$$F(x)=P\{X\leqslant x\}=P\{\omega:X(\omega)\leqslant x\}$$

为连续随机变量 X 的分布函数，$F(x)$ 也可记为 $F_X(x)$．

假设$F(x)$是连续随机变量X的分布函数，若存在非负函数$f(x)$，对任意实数x，有

$$F(x)=\int_{-\infty}^{x} f(u)\mathrm{d}u,$$

则称$f(x)$是连续随机变量X的概率密度函数.

因此，对于连续随机变量X，其取值落在$(a,b]$区间内的概率可以表示为

$$P\{a<X\leqslant b\}=F(b)-F(a)=\int_{a}^{b} f(x)\mathrm{d}x .$$

3. 多维随机变量

设随机试验E的样本空间为$\boldsymbol{\Omega}$，$X_1(\omega),X_2(\omega),\cdots,X_n(\omega)$是定义在$\boldsymbol{\Omega}$上的$n$个随机变量，则称它们构成的有序组（$X_1,X_2,\cdots,X_n$）为$n$维随机变量，或$n$维随机向量.

二维离散随机变量（X,Y）所有可能的取值为有限对或可列无穷对，如$(x_i,y_i),i=1,2,\cdots$，则称

$$P\{X=x_i,Y=y_j\}=p_{ij}(i,j=1,2,\cdots)$$

为二维离散随机变量（X,Y）的联合分布律.

对于二维连续随机变量（X,Y），若（x,y）是任意实数对，则称

$$F(x,y)=P\{X\leqslant x,Y\leqslant y\}$$

为二维连续随机变量（X,Y）的联合分布函数. X与Y的分布函数$F_X(x)$和$F_Y(y)$分别称为二维连续随机变量（X,Y）关于X、Y的边缘分布函数，记为

$$P\{Y\leqslant x\}=P\{X\leqslant x,y<+\infty\},$$

$$P\{Y\leqslant y\}=P\{X<+\infty,Y\leqslant y\}.$$

因此可以得到联合分布函数与边缘分布函数之间的关系：

$$F_X(x)=\lim_{y\to+\infty} F(x,y)=F(x,\infty),$$

$$F_Y(y)=\lim_{x\to+\infty} F(x,y)=F(\infty,y).$$

而对于二维离散随机变量，则可以得到

$$P\{X=x_i\}=\sum_{j=1}^{\infty} p_{ij},(i=1,2,\cdots),$$

$$P\{Y=y_j\}=\sum_{i=1}^{\infty} p_{ij},(j=1,2,\cdots).$$

n维随机变量$(X_1,X_2,\cdots,X_n)$的联合分布函数定义为

$$F(x_1,x_2,\cdots,x_n)=P\{X_1\leqslant x_1,X_2\leqslant x_2,\cdots,X_n\leqslant x_n\},$$

式中$x_1,x_2,\cdots,x_n$是n个任意实数.

根据（$X_1,X_2,\cdots,X_n$）的联合分布函数，可确定其中任意$k(1\leqslant k\leqslant n)$个分量（$X_1,X_2\cdots,X_k$）的边缘分布函数，称为$k$维边缘分布函数. 例如，

$$F_{X1}(x_1)=F(x_1,+\infty,\cdots,+\infty),\quad F_{X_1,X_2}(x_1,x_2)=F(x_1,x_2,+\infty,\cdots,+\infty)$$

是（$X_1,X_2,\cdots,X_n$）分别关于X_1、（X_1,X_2）的边缘分布函数.

4．联合概率密度和边缘概率密度

二维随机变量（X, Y）的联合分布函数为$F(x,y)$，如果存在函数$f(x,y)$，使得任意实数对（x,y）有

$$F(x,y)=\int_{-\infty}^{x}\int_{-\infty}^{y}f(u,v)\mathrm{d}u\mathrm{d}v,$$

则称函数$f(x,y)$为（X, Y）的联合概率密度函数.

对于二维随机变量，若随机变量X、Y的概率密度函数分别为

$$f_X(x)=\int_{-\infty}^{+\infty}f(x,y)\mathrm{d}y, x\in R,$$

$$f_Y(y)=\int_{-\infty}^{+\infty}f(x,y)\mathrm{d}x, y\in R,$$

则称$f_X(x)$、$f_Y(y)$为（X, Y）关于X和Y的边缘概率密度函数.

5．条件分布律和条件概率密度

设二维离散随机变量（X, Y）的联合分布律，即事件$\{X=x_i\}$和$\{Y=y_j\}$同时发生的概率为

$$P\{X=x_i,Y=y_j\}=p_{ij}(i,j=1,2,\cdots),$$

若$P\{Y=y_j\}>0$，则把

$$P\{X=x_i\mid Y=y_j\}=\frac{P\{X=x_i,Y=y_j\}}{P\{Y=y_j\}}\quad(i,j=1,2,\cdots)$$

称为在已知事件$\{Y=y_j\}$发生的条件下事件$\{X=x_i\}$发生的概率，简称条件分布律.

二维连续随机变量对于任意x和y有$P\{X=x\}=0$和$P\{Y=y\}=0$，因此不能采用离散随机变量的方式来求解条件分布函数.

对于任意的实数y及$\Delta y>0$，若$P\{y-\Delta y<Y\leqslant y\}>0$，且对任意实数$x$，若极限

$$\lim_{\Delta y\to 0^+}P\{X\leqslant x\mid y-\Delta y<Y\leqslant y\}=\lim_{\Delta y\to 0^+}\frac{P\{X\leqslant x,y-\Delta y<Y\leqslant y\}}{P\{y-\Delta y<Y\leqslant y\}}$$

存在，则称此极限为在$\{Y=y\}$的条件下，随机变量X的条件分布函数，记为$F_{X|Y}(x\mid y)$.

若（X, Y）是二维连续随机变量，其联合概率密度为$f(x,y)$，随机变量X的条件分布函数为

$$F_{X|Y}(x|y)=\lim_{\Delta y\to 0^+}\frac{\int_{-\infty}^{x}\int_{y}^{y+\Delta y}f(u,v)\mathrm{d}u\mathrm{d}v}{\int_{y}^{y+\Delta y}f_Y(v)\mathrm{d}v}$$

由于$\Delta y\to 0$，因此可以得到

$$\int_{y}^{y+\Delta y}f_Y(v)\mathrm{d}v=\Delta y\ \ f_Y(y),$$

$$\int_{-\infty}^{x}\int_{y}^{y+\Delta y}f(u,v)\mathrm{d}u\mathrm{d}v=\Delta y\int_{-\infty}^{x}f(u,y)\mathrm{d}u.$$

若记$f_{X|Y}(x\mid y)$为在"$Y=y$"的条件下，随机变量X的条件概率密度函数，则

$$f_{X|Y}(x|y)=F'_{X|Y}(x|y)=\frac{f(x,y)}{f_Y(y)}.$$

类似地，在"$X=x$"的条件下，随机变量Y的条件概率密度函数为

$$f_{Y|X}(y|x) = F'_{Y|X}(y|x) = \frac{f(x,y)}{f_X(x)}.$$

若在“ $X=c$ ”的条件下，随机事件 $a<Y\leqslant b$ 的条件概率为

$$P\{a<Y\leqslant b \mid X=c\} = \int_a^b f_{Y|X}(y|c)\mathrm{d}y.$$

6. 随机变量的独立性

设（X, Y）是二维连续随机变量，若对于任意实数 x 和 y ，有

$$P\{X\leqslant x, Y\leqslant y\} = P\{X\leqslant x\}P\{Y\leqslant y\},$$

则称随机变量 X 和 Y 相互独立.

二维随机变量（X, Y）相互独立的意义是对所有实数对（x, y），随机事件 $\{X\leqslant x\}$ 与随机事件 $\{Y\leqslant y\}$ 相互独立.

若随机变量 X 和 Y 相互独立，则有

$$F(x,y) = F_X(x)F_Y(y).$$

其中 $F(x,y)$ 及 $F_X(x)$ 、$F_Y(y)$ 分别是二维随机变量 (X,Y) 的联合分布函数和边缘分布函数.

若（X, Y）是二维连续随机变量，其联合概率密度和边缘概率密度分别是 $f(x,y)$ 、$f_X(x)$ 、$f_Y(y)$ ，则 X 与 Y 相互独立的充分必要条件是

$$f(x,y) = f_X(x)f_Y(y).$$

n 维随机变量 $(X_1,X_2,\cdots,X_n)$ 的联合分布函数为 $F(x_1,x_2,\cdots,x_n)$ ，若对所有实数组 $(x_1,x_2,\cdots,x_n)$ 均有

$$F(x_1,x_2,\cdots,x_n) = F_1(x_1)F_1(x_2)\cdots F_n(x_n),$$

则称 $X_1,X_2,\cdots,X_n$ 相互独立（式中 $F_k(x_k)$ 是关于 X_k 的边缘分布函数）.

1.2.12 随机变量的数字特征

1. 数学期望

设离散随机变量 X 的分布律为

$$P(X=x_i) = p_i \quad (i=1,2,\cdots).$$

若

$$E(X) = \sum_{i=1}^{\infty} x_i p_i$$

绝对收敛，则称其为离散随机变量 X 的数学期望或均值.

设连续随机变量 X 的概率密度函数为 $f(x)$ ，如果

$$E(X) = \int_{-\infty}^{+\infty} x f(x)\mathrm{d}x$$

绝对收敛，则称其为连续随机变量 X 的数学期望或均值.

2. 随机变量函数的数学期望

设$Y=g(X)$是随机变量X的函数，并且$g(x)$为连续函数，若X是离散随机变量，且其分布律为

$$P\{X=x_i\}=p_i \quad (i=1,2,\cdots).$$

如果

$$E(Y)=E[g(X)]=\sum_{i=1}^{\infty} g(x_i)p_i$$

绝对收敛，则称其为离散随机变量X的函数$g(X)$的数学期望. 若X是连续随机变量，且其概率密度函数为$f(x)$，如果

$$E(Y)=E[g(X)]=\int_{-\infty}^{+\infty} g(x)f(x)\mathrm{d}x$$

绝对收敛，则称其为连续随机变量X的函数$g(X)$的数学期望.

3. 随机变量的方差与协方差

设X是随机变量，若$E[X-E(X)]^2$存在，则称

$$D(X)=E[X-E(X)]^2=E(X^2)-[E(X)]^2$$

为X的方差，称$\sigma(X)=\sqrt{D(X)}$为X的标准差（或均方差）. 方差反映的是随机变量取值变化的程度，方差越小则随机变量的变化幅度越小，取值越集中.

$$\mathrm{Cov}(X,Y)=E\{[X-E(X)][Y-E(Y)]\}=E(XY)-E(X)E(Y)$$

为随机变量X与Y的协方差.

对于n维随机变量$(X_1,X_2,\cdots,X_n)$，由其任意两个随机变量X_i、X_j之间的协方差组成的矩阵称为协方差矩阵. 若

$$c_{ij}=\mathrm{Cov}(X_i,X_j)=E\{[X_i-E(X_i)][X_j-E(X_j)]\} \quad (i,j=1,2,\cdots,n),$$

则协方差矩阵为

$$\boldsymbol{C}=\begin{pmatrix} c_{11} & c_{12} & \cdots & c_{1n} \\ c_{21} & c_{22} & \cdots & c_{2n} \\ \vdots & \vdots & & \vdots \\ c_{n1} & c_{n2} & \cdots & c_{nn} \end{pmatrix}.$$

显然，协方差矩阵是对称矩阵.

我们知道，若一维连续随机变量X的概率密度函数为

$$f(x)=\frac{1}{\sqrt{2\pi}\sigma}\mathrm{e}^{-\frac{(x-\mu)^2}{2\sigma^2}}, \ (-\infty<x<\infty).$$

其中，$\mu=E(X)$，$\sigma^2=D(X)$，则称X服从μ、σ的正态或高斯分布. 若将一维的正态分布推广到高维，可以得到n维正态分布的概率密度函数

$$f(\boldsymbol{x})=\frac{1}{(2\pi)^{\frac{n}{2}}|\boldsymbol{C}|^{\frac{1}{2}}}\mathrm{e}^{[-\frac{1}{2}(\boldsymbol{x}-\mu)^{\mathrm{T}}\boldsymbol{C}^{-1}(\boldsymbol{x}-\mu)]}.$$

在机器学习中，正态贝叶斯分类器和高斯混合模型都假设向量服从n维正态分布.

1.3 本章小结

本章主要阐述了人工智能的基本概念和所必备的数学知识. 对这些内容进行描述，主要是希望向读者阐明什么是人工智能、人工智能能够实现什么以及实现人工智能需要哪些技术和基础知识等. 当然，在有限的篇幅里我们不可能进行非常详细的描述，也不可能全面地回答这些问题，有兴趣的读者可以进一步阅读相关的参考文献.

人工智能的实现主要依靠算法，而算法的输入是数据，数据可以用矩阵或向量来表示，因此对数据的加工转换为对矩阵或向量的运算. 对于比较复杂的矩阵，我们可以通过特征分解或奇异值分解将其变换为简单矩阵的组合. 算法的求解过程需要用到导数与偏导数、梯度、函数极值点、泰勒公式等大量数学知识. 如果把机器学习问题处理的变量看成随机变量，那么我们可以用概率论的方法来对这些问题进行建模和求解.

虽然在深度学习中算法的求解主要依靠底层框架进行实现，但是仍然建议读者很好地掌握这些数学知识，只有这样才能真正深入地理解深度学习算法的相关理论.

1.4 习题

1. 人工智能包含哪些层次结构?
2. 数据集有什么作用?
3. 请列举几个人工智能的典型应用.
4. 如果矩阵 $\boldsymbol{A}=\begin{pmatrix}2 & 3\\ 4 & 5\end{pmatrix}$、$\boldsymbol{B}=\begin{pmatrix}1 & 2\\ 2 & 3\end{pmatrix}$，试分别计算 $\boldsymbol{AB}$、$\boldsymbol{BA}$.
5. 试求二阶方阵 $\boldsymbol{A}=\begin{pmatrix}5 & 1\\ 3 & 7\end{pmatrix}$ 的特征值和特征向量.
6. 试求函数 $f(x,y)=(x+2y)^2$ 在点（1,2）处的梯度.
7. 如何判断多元函数的极值点?

chapter 2

机器学习基础

机器学习是当前解决人工智能问题的主要技术，而深度学习是机器学习的一个重要分支. 因此，在学习深度学习之前，我们有必要对机器学习的相关理论进行简单的介绍. 2.1 节主要介绍机器学习的基本概念，包括机器学习的定义、机器学习的分类、常用损失函数等；2.2 节主要介绍监督学习的典型代表，即分类与回归；2.3 节主要介绍模型的评估，包括数据集的划分方法、模型的评价指标；2.4 节主要介绍模型的选择，包括欠拟和与过拟合、偏差与方差、正则化. 通过对本章的学习，读者能够了解机器学习的基本概念，掌握分类与回归任务的解决方法，掌握利用样本数据集对模型进行评估与选择的基本原则和方法.

2.1 机器学习概述

机器学习是研究如何使用机器来模拟人类学习活动的一门学科，即让机器具有类似人的学习能力，像人一样能够从实例或数据中学到经验和知识，从而具备判断、预测和分析的能力. 这里所说的“机器”，通常指的是计算机. 计算机诞生之初主要用于大规模科学计算，随着技术的发展，计算机在人类社会得到普遍应用，但其最为擅长的工作仍然是数值计算或逻辑控制. 传统意义上的计算机用于执行人给定的机器指令，而机器学习则是一种让计算机可以利用数据而不仅仅是指令来进行各种工作的方法.

赫伯特 · A.西蒙（Herbert A.Simon）曾对“学习”给出过如下定义：“如果一个系统能够通过执行某个过程改进它的性能，这就是学习”. 学习是人类具有的一种重要的智能行为. 刚出生的婴儿对视觉和听觉是没有认知能力的，通常的做法是不断地采用识图卡对其进行视觉和听觉上的训练. 以学习识别苹果为例，家长需要一边指着图片一边告诉婴儿这是“苹果”. 这张苹果图片就是我们说的一个实例（Instance），而家长告诉婴儿这是“苹果”则是一个类别结果，在机器学习中表示这个类别的数值或名称称为标签（Label）.

人类在成长过程中需要不断地接触各种各样的实例，学会对已知事物进行判别，了解其中的规律，掌握对未知事物的预测能力，并且在成长过程中不断地总结经验，学会对事物之间的关联关系进行分析. 计算机能否像人类一样具有学习的能力呢？1959 年，美国的亚瑟 · L.塞缪尔（Arthur L. Samuel）设计了一个国际跳棋（checkers）程序，它可以在对弈中不断地改善自己的棋艺. 4 年后，这个程序战胜了设计者本人，向人们展示了计算机可以具有学习的能力，并开创了机器学习的先河，也从此掀起了机器学习的热潮.

随着网络和自动化技术的快速发展，人们对信息的获取、存储、传输以及处理能力有了质的飞跃. 现在人类所处的信息社会在不同领域、不同深度都聚集了前所未有的庞大的可用数据，亟须高效地对数据进行处理、分析和应用. 因此，机器学习已经成了一个具有深度研究价值的学科，并且在计算机视觉、语音识别、自然语言处理、数据挖掘等领域得到了广泛的应用.

2.1.1 机器学习的定义

第一个机器学习的定义来自人工智能先驱塞缪尔，他推翻了“机器无法超越人类，不能像人一样进行学习”这一传统的认知，转而赋予了机器学习一个具有创新性的定义——“Machine learning: Field of study that gives computers the ability to learn without being explicitly programmed”，即不需要确定性编程就可以赋予计算机某项技能的研究领域.

另一个经常引用的定义，是由卡内基梅隆大学的教授汤姆 · M.米切尔（Tom M. Mitchell）提出的——“A computer program is said to learn from experience E with respect to some task T and some performance measure P, if its performance on T, as measured by P，improves with experience E.”，即一个计算机程序在解决任务 T 时达到性能度量 P，当有了经验 E 后其性能有所提升，

则称该计算机程序能从经验 E 中进行学习.

从以上的定义中可以看出，机器学习的关键是数据、算法以及性能. 机器学习的过程：数据通过算法构建出模型并对模型进行评估，模型性能如果达到要求就用这个模型来测试其他的数据，如果达不到要求就要调整算法来重新构建模型，并重新对构建的模型进行评估，如此循环往复，最终获得满意的模型来处理未知的数据.

因此，从实际应用角度来说，机器学习是计算机基于数据构建模型并且运用模型对未知数据进行判断、预测和分析的一门学科. 机器学习研究的对象是数据，其数据可以是数字、文本、图像、视频以及音频等多种格式. 海量数据是机器学习的基础，机器学习从数据出发，提取数据的特征，抽象出数据的模型，学习数据中的知识和内在规律，然后利用模型对未知数据进行判断、预测和分析.

2.1.2 机器学习的分类

机器学习有多种分类方式，其中最为典型的是将机器学习分为监督学习（Supervised Learning，SL）、无监督学习（Unsupervised Learning，UL）、半监督学习（Semi-Supervised Learning，SSL）和强化学习（Reinforcement Learning，RL）.

1. 监督学习

监督学习的任务是学习一个能够对任意给定的输入得到期望输出的预测模型. 我们将输入与输出所有可能取值的集合分别称为输入空间和输出空间. 每个具体的输入称为实例或样本（Sample），实例可以是原始数据（如苹果的图片），也可以是对原始数据提取的特征（如苹果的颜色、形状、体积和纹理等）. 如果输入由数据的特征组成，我们可以将每个实例的多种特征构成一个特征向量（Feature Vector）. 因此所有实例的特征向量就构成了特征空间（Feature Space），特征空间的每一维对应一种特征. 如果将苹果的颜色、形状、体积 3 个特征进行数值化，并且对应一个三维输入空间，那么每个苹果则是这个输入空间中的一个点. 浅层机器学习的输入空间通常由特征空间组成，而深度学习的输入空间则可以直接由文字、图片或音频等原始数据信息组成.

在监督学习过程中，可以将输入与输出看作定义在输入空间与输出空间上的随机变量的取值，随机输入变量记作 X，随机输出变量记作 Y. 则任意输入实例 $\boldsymbol{x}$ 可以记为

$$\boldsymbol{x}=(x^{(1)},x^{(2)},\cdots,x^{(i)},\cdots x^{(n)}),\tag{2.1}$$

其中，$x^{(i)}$ 表示任意输入实例 $\boldsymbol{x}$ 的第 i 个特征. 而第 i 个实例则表示为 $\boldsymbol{x}_i$，即

$$\boldsymbol{x}_i=(x_i^{(1)},x_i^{(2)},\cdots,x_i^{(n)}).\tag{2.2}$$

每个输入实例（通常为向量）都有一个期望的输出标签 y_i，我们将这种输入/输出对称为标记样本（Labeled Sample），如第 i 个标记样本可以表示为（$\boldsymbol{x}_i,y_i$）.

因此，监督学习就是给定海量的标记样本，学习一个由输入到输出的映射，这一映射用模型来表示. 显然，能够表示这种输入-输出关系的映射有多种，也就是说可以用多个模型进行

表示，我们把可以表示这种输入-输出关系的所有模型的集合称为模型的假设空间. 监督学习的目标是通过学习从假设空间中求解到一个最优的模型，使得任意给定的输入能够得到期望的输出，或者使得到的输出和期望的输出误差最小. 如果用 f 来表示学习到的最优模型，那么输入/输出的关系可以表示为

$$\tilde{y} = f(\boldsymbol{x}) . \tag{2.3}$$

因此，机器学习的本质就是模型的选择以及模型参数的确定. 模型可以是概率模型 $P(y \mid \boldsymbol{x})$ 或非概率模型 $\tilde{y} = f(\boldsymbol{x})$，而非概率模型又可以是线性模型或非线性模型. 本书主要讨论的是非概率模型，后文将统一简称为模型.

监督学习的目标是采用学习到的模型对任意输入得到期望的输出或使得到的输出与期望的输出误差最小. 但现实中不可能获得无限的标记样本，只能将有限的标记样本用于模型的训练，因此我们把用于模型训练的标记样本的集合称为训练集（Training Set）. 衡量一个模型的好坏，不仅要求其在训练集上表现优秀，更加关注的是其对新标记样本的判断、预测和分析能力. 这些新标记样本的集合又称为测试集（Testing Set）.

如图 2-1 所示，监督学习是采用标记样本数据进行训练，得到一个或多个模型，然后用这些模型对新标记样本进行预测，其预测结果与新标记样本标签的误差称为测试误差，误差最小的模型自然就是需要求解的最优模型.

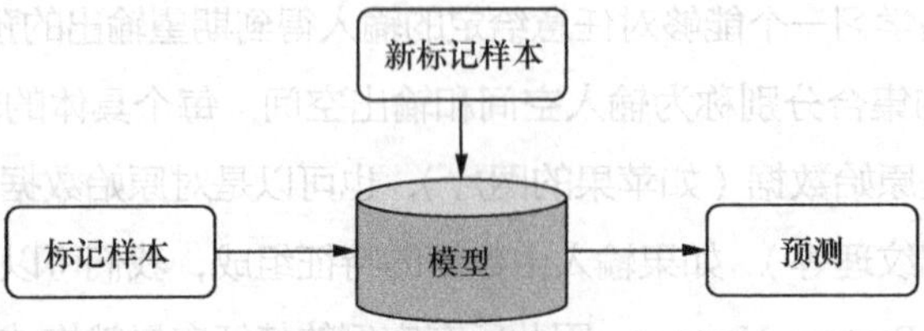

图 2-1　监督学习的流程

2. 无监督学习

监督学习的数据集带有标签信息，而无监督学习适用于无标签的数据集. 无监督学习没有训练集，只有有限的数据集，需要在该数据集中寻找数据内在的性质和规律完成特定的任务. 也就是说，无监督学习的目标不是告诉计算机怎么做，而是让计算机自己去学习怎样做. 无监督学习的典型代表主要是聚类和数据降维.

聚类（Clustering）是将相似的同类事物聚集在一起，而区分出不相似事物的过程. 聚类将给定数据集中的样本分割成不同的簇（Cluster），每个簇可能对应某些潜在的概念，并且这些概念是事先未知的. 同一个簇中的数据要尽可能相似，同时让不在同一个簇中的数据的差异最大化. 也就是说聚集具有相同属性的数据，而分离不同属性的数据，将样本数据划分成若干个互不相交的数据子集，这些数据子集的特征是不被事先知道的，而是通过机器学习自动形成的. 当然聚类过程仅能形成簇结构，并没有簇所对应的概念和语义. 目前主要的聚类算法有 K 均值（K-means）聚类、均值漂移聚类、高斯混合聚类、基于密度的聚类和层次聚类等.

在商业上，聚类可以帮助市场分析人员从消费者数据库中发现分布的一些深层信息，并自动区分出不同的消费群体，概括出每一类消费者的消费模式或者习惯．对于无监督学习，我们并不知道预测的结果是什么，但我们可以用聚类的方式从所有的数据中归纳出数据的分布规律，为进一步的数据分析提供基础．

数据降维也是一种无监督学习算法，它将高维输入通过某种映射函数映射到低维空间，因为更容易对低维数据进行分析和处理．如果映射到二维或三维空间，还可以直观地对数据进行可视化．

3．半监督学习

半监督学习是监督学习和无监督学习相结合的一种学习方式，少量输入数据是有标签的，而大量输入数据是没有标签的．因为在实际应用中我们往往很容易收集到大量未标记样本（Unlabeled Sample），而对样本进行标注则是一个费时、费力的漫长过程．事实上，未标记样本虽然未直接包含标记信息，但如果它们与标记样本是从同样的数据源独立同分布采样而来，则它们所包含的关于数据分布的信息对建立模型将大有帮助．

要利用未标记样本，需假设未标记样本所揭示的数据分布信息与类别标记存在联系．最常见的假设是聚类假设，即假设数据存在簇结构，同一个簇的样本属于同一个类别，即当样本数据间的距离比较近时，它们拥有相同的类别．通过聚类假设，我们可以获得大量未标记样本的伪标签，从而可以增大训练集的数据容量，使模型的预测能力得以提升．

半监督学习可以划分为纯半监督学习和直推学习．纯半监督学习将未标记样本和标记样本均作为训练集，而直推学习假定学习过程中只利用标记样本进行训练，采用学到的模型对未标记样本进行预测．纯半监督学习学到的模型适用于对未知数据的预测，而直推学习学到的模型仅试图对学习过程中观察到的未标记数据进行预测．

4．强化学习

强化学习是受人类能够有效适应环境的启发，以试错的机制与环境进行交互，通过最大化累积奖赏的方式来学习最优策略．强化学习不要求预先给定任何数据，而是通过接收环境对动作的奖赏获得学习信息，对模型参数进行自动更新．如实际应用中的移动机器人，当机器人根据状态环境做出相应的动作后，人们会根据这些动作的结果提供奖赏或惩罚信息，以表示该行为正确与否，可在该行为正确时给出奖赏，而在该行为错误时给出惩罚，其他时候不予以反馈．那么机器人就会从这个非直接的、有延迟的反馈中不断学习和摸索，以得到更多的、长期累积的奖赏．如果将“状态环境”看作实例，把“行为”看作标记，则强化学习在某种意义上可以看作具有“延迟标记信息”的监督学习．

2.1.3 常用损失函数

1．平方损失函数和均方误差损失函数

我们已经知道监督学习的非概率模型可以用预测函数 $\tilde{y}=f(\boldsymbol{x})$ 来表示，当输入为 $\boldsymbol{x}_i$ 时会有一个预测输出 $f(\boldsymbol{x}_i)$，模型预测的输出不可能和真实标签 y_i（可以是标量或向量）完全一致，

因此一定会存在相应的误差，可以用损失函数（Loss Function）来表示这个误差，即度量模型一次预测的好坏，记为 $L(y, f(\boldsymbol{x}))$．损失函数也称为代价函数（Cost Function）或误差函数（Error Function），是一个非负实值函数．损失函数值越小，代表模型的预测结果与标签的偏差越小，也就是说模型越精确．

假设给定一个样本集 T，

$$T = \{(\boldsymbol{x}_1, y_1), (\boldsymbol{x}_2, y_2), \cdots, (\boldsymbol{x}_N, y_N)\}, \tag{2.4}$$

则模型关于样本集 T 的平均损失（Mean Loss，ML）记为

$$L_{\mathrm{ML}} = \frac{1}{N}\sum_{i=1}^{N} L(y_i, f(\boldsymbol{x}_i)). \tag{2.5}$$

最为常用的度量模型一次预测的好坏的函数是平方损失函数（Square Loss Function），即

$$L(y, f(\boldsymbol{x})) = |y - f(\boldsymbol{x})|^2, \tag{2.6}$$

则其在样本集 T 上的均方误差（Mean Square Error，MSE）损失函数为

$$L_{\mathrm{MSE}} = \frac{1}{N}\sum_{i=1}^{N} |y_i - f(\boldsymbol{x}_i)|^2. \tag{2.7}$$

均方误差又称为二次损失（Quadratic Loss），主要反映实际目标值与预测值之间距离平方和的均值．均方误差损失函数也是机器学习中使用最广泛的损失函数之一．

2．交叉熵损失函数

在讨论概率模型的损失函数之前，我们有必要回顾一下信息论的相关知识．信息论中一个小概率事件的发生要比一个大概率事件的发生能提供更多的信息．当一个事件发生的概率为 1 时，也就是说该事件一定发生，那么其提供给我们的信息为 0．因此，定义一个随机事件 $Y = y$ 的信息量为

$$I(y) = \log\left(\frac{1}{P(y)}\right) = -\log(P(y)). \tag{2.8}$$

其中 log 一般表示数学中的自然对数函数 ln，$I(y)$ 的单位为奈特（nat），1 nat 是以 $1/\mathrm{e}$ 的概率观测到一个事件获得的信息量．当随机变量 Y 是离散变量时，若其概率分布为 $P(Y = y_i) = p_i, (i = 1, 2, \cdots, M)$，则有

$$E[I(y)] = -\sum_{i=1}^{M} p_i \log(p_i). \tag{2.9}$$

所有信息量的数学期望称为随机变量 Y 的熵（Entropy），常记为 $H(Y)$ 或 $H(P)$，熵越大则随机变量的不确定性就越大．

在机器学习中，假设真实标签的概率分布为 $P(y)$，而预测值的概率分布为 $Q(y)$，我们可以使用 KL 散度（Kullback-Leibler Divergence，KLD）来衡量这两个分布之间的差异，KL 散度又称相对熵（Relative Entropy），即

$$D_{\mathrm{KL}}(P \,||\, Q) = \sum_{i=1}^{M} p_i \log\left(\frac{p_i}{q_i}\right) = E_P\left[\log\left(\frac{P(y)}{Q(y)}\right)\right]. \tag{2.10}$$

$D_{\mathrm{KL}}(P \,||\, Q)$ 表示当用预测值的概率分布 Q 来拟合真实标签的概率分布 P 时产生的信息损

耗，$D_{\mathrm{KL}}(P||Q)=0$ 时，表示 P 和 Q 的取值处处相同，$D_{\mathrm{KL}}(P||Q)$ 的值越小，表示 P 和 Q 的分布越接近．需要注意的是，$D_{\mathrm{KL}}(P||Q)\neq D_{\mathrm{KL}}(Q||P)$．

进一步将式 2.10 展开可以得到

$$\begin{aligned} D_{\mathrm{KL}}(P||Q) &= \sum_{i=1}^{M} p_i \log\left(\frac{p_i}{q_i}\right) = \sum_{i=1}^{M} p_i \log(p_i) - \sum_{i=1}^{M} p_i \log(q_i) \\ &= -\left(-\sum_{i=1}^{M} p_i \log(p_i)\right) + \left(-\sum_{i=1}^{M} p_i \log(q_i)\right) \\ &= -H(P) + \left(-\sum_{i=1}^{M} p_i \log(q_i)\right). \end{aligned} \quad (2.11)$$

由于 $H(P)$ 是确定量，因此只需要式 2.11 的后半部分就可以衡量真实标签的概率分布与预测值的概率分布之间的差异，即

$$H(P,Q) = -\sum_{i=1}^{M} p_i \log(q_i). \quad (2.12)$$

同时，我们把 $H(P,Q)$ 称为交叉熵（Cross Entropy）．在深度学习中，交叉熵描述了概率分布 Q 对概率分布 P 估计的准确程度，所以在使用交叉熵损失函数时，一般会设定 P 为真实标签的概率分布，而 Q 代表的是预测值的概率分布．在模型训练时，需要对训练集的交叉熵损失函数的取值尽可能的小，才能够使预测的结果越来越接近真实的标签值．

2.2 分类与回归

1. 分类任务

分类（Classification）与回归（Regression）是监督学习的典型代表．在监督学习中，把具有某些特征的数据项映射到某个给定类别的过程称为分类．此时样本的标签值就是类别的标号．如果标签值是$\{0,1\}$或$\{-1,1\}$，我们称之为二分类，分别对应负样本（或负类）和正样本（或正类）．如判断一张图像所示的是否是苹果，输出 1 代表是苹果，输出 0 或−1 则代表不是苹果．如果图像中有苹果、香蕉、樱桃等多种水果，而且都需要对其进行类别判断，这时称之为多分类任务．

对于分类问题，如果预测函数是线性函数，则称其为线性模型．线性函数的图像在二维空间中是直线，在三维空间中是平面，而在多维空间中则是超平面．

二分类问题的线性预测函数可以表示为

$$\tilde{y} = \mathrm{sgn}(\boldsymbol{w}^{\mathrm{T}}\boldsymbol{x}+b), \quad (2.13)$$

其中，sgn 是符号函数，$\boldsymbol{w}$ 是权重向量，b 为偏置．当$(\boldsymbol{w}^{\mathrm{T}}\boldsymbol{x}+b)>0$时，$\tilde{y}=1$，则判断为正样本；当$(\boldsymbol{w}^{\mathrm{T}}\boldsymbol{x}+b)<0$时，$\tilde{y}=-1$，则判断为负样本．对于多分类问题，我们可以采用多个级联的二分类模型来实现．

非线性模型的预测函数是非线性函数，分类边界是 n 维空间的曲面．在实际应用中，一般

要求预测函数具有非线性的建模能力，后文所讨论的深度神经网络模型就是最为典型的非线性模型之一. 当然分类问题除了可以利用预测函数进行曲面划分以外，还可以根据各种类别的概率直接进行判断.

如果我们能够预测输入实例属于每个输出类别的概率，而概率可以被解释为属于每个类别的可能性或置信度（Confidence），那么我们可以通过类别的最大概率来进行分类. 例如，假设特定的文本电子邮件被指定为“垃圾邮件”的概率为 0.1，则被指定为“非垃圾邮件”的概率为 0.9. 显然这个文本电子邮件的类别是“非垃圾邮件”，因为它具有最高的预测可能性.

既然分类问题对类别的预测可以依靠概率来进行判断，对输入 $\boldsymbol{x}$ 而言可以是实例的特征向量，也可以是原始数据（如苹果图片、香蕉图片、樱桃图片等图片数据），那么机器学习是如何从输入样本预测到其对应各种类别的概率的呢?

假设模型的预测函数为

$$y' = f(\boldsymbol{x}), \tag{2.14}$$

并且 $y' = \{0,1\}$，显然这是一个二分类问题. 即当 $y' = 1$ 时样本判断为正类，$y' = 0$ 时样本判断为负类. 当然这是一种理想的结果，现实中的预测函数 y' 可能是任意实数. 如果我们通过对预测函数进行处理后得到一个样本属于正类的概率，然后设置对应的阈值（Threshold），当相应概率大于该阈值时，判断样本为正类，反之则为负类. 而逻辑函数正是这样一个常用的处理函数（通常称为 sigmoid 函数），即

$$\tilde{y} = \frac{1}{1+\mathrm{e}^{-f(\boldsymbol{x})}}. \tag{2.15}$$

从式 2.15 可以得到，$\tilde{y}$ 在（0,1）范围内取值并且是一个单调递增的函数，因此经过 sigmoid 函数处理后的预测结果为（0,1）的概率，可以直接用于二分类问题. 由于 $\tilde{y}$ 代表的是样本属于正类的概率，因此对应样本属于负类的概率表示为

$$1-\tilde{y} = \frac{\mathrm{e}^{-f(\boldsymbol{x})}}{1+\mathrm{e}^{-f(\boldsymbol{x})}}. \tag{2.16}$$

根据式 2.15 和式 2.16 可以得到

$$\frac{\tilde{y}}{1-\tilde{y}} = \frac{1}{\mathrm{e}^{-f(\boldsymbol{x})}}. \tag{2.17}$$

若将式 2.17 两边同时取对数，则可以得到

$$\ln\frac{\tilde{y}}{1-\tilde{y}} = f(\boldsymbol{x}). \tag{2.18}$$

式 2.18 通常又称为对数概率回归.

假设给定一个二分类的样本集 T，

$$T = \{(\boldsymbol{x}_1, \boldsymbol{y}_1), (\boldsymbol{x}_2, \boldsymbol{y}_2), \cdots, (\boldsymbol{x}_N, \boldsymbol{y}_N)\},$$

由于给定的样本集的标签已知，并且 $y = 0,1$ 代表样本属于正类的概率. 如果模型的预测输出为 $\tilde{y}$，那么对于模型一次预测的误差可以用交叉熵损失函数来进行度量，即

$$L(y,\tilde{y}) = -(y\log(\tilde{y}) + (1-y)\log(1-\tilde{y})). \tag{2.19}$$

而对于整个样本集的平均交叉熵损失函数则可以表示为

$$\frac{1}{N}\sum_{i=1}^{N}L(y_i,\tilde{y}_i)=-\frac{1}{N}\sum_{i=1}^{N}(y_i\log(\tilde{y}_i)+(1-y_i)\log(1-\tilde{y}_i)) . \tag{2.20}$$

而当 $\boldsymbol{y}'$ 为向量时，若 $\boldsymbol{y}'=(y_1',y_2',\cdots,y_C')$，$C=|\boldsymbol{y}'|$ 表示所有样本的种类，同时令

$$Z=\sum_{i=1}^{C}\mathrm{e}^{y_i'} .$$

假设采用式 2.21 对 $\boldsymbol{y}'$ 进行归一化处理后，可以得到一个新的向量

$$\tilde{\boldsymbol{y}}=\left(\frac{\mathrm{e}^{y_1'}}{Z},\frac{\mathrm{e}^{y_2'}}{Z},\cdots,\frac{\mathrm{e}^{y_C'}}{Z}\right). \tag{2.21}$$

由式 2.21 可以得到

$$\tilde{\boldsymbol{y}}=\begin{pmatrix}P(y=1|\boldsymbol{x})\\P(y=2|\boldsymbol{x})\\\vdots\\P(y=C|\boldsymbol{x})\end{pmatrix}^{\mathrm{T}}=\frac{1}{Z}\begin{pmatrix}\mathrm{e}^{y_1'}\\\mathrm{e}^{y_2'}\\\vdots\\\mathrm{e}^{y_C'}\end{pmatrix}^{\mathrm{T}}.$$

上面的归一化的处理方式称为 softmax 处理，显然向量 $\tilde{\boldsymbol{y}}$ 中所有标量的值均为（0,1），同时和为 1. 最后的预测结果可以根据向量 $\tilde{\boldsymbol{y}}$ 中最大概率的索引位置的序号作为标签值，并根据标签值得到相应的类别，从而比较方便地完成多分类任务.

在此仍然以苹果、香蕉、樱桃等多分类任务为例，假设需要分类的种类只有这 3 种，假设用苹果的图片作为输入实例 $\boldsymbol{x}_i$，其真实输出为 $(1,0,0)^{\mathrm{T}}$，分别对应类别是苹果、香蕉和樱桃的概率. 假设模型的预测结果为 $(0.8,0.05,0.15)^{\mathrm{T}}$，最大概率为 0.8，其对应的索引位置为 0，标签 0 对应的类别是苹果，所以得到的预测类别自然就是苹果.

假设给定一个多分类的样本集 T，

$$T=\{(\boldsymbol{x}_1,\boldsymbol{y}_1),(\boldsymbol{x}_2,\boldsymbol{y}_2),\cdots,(\boldsymbol{x}_N,\boldsymbol{y}_N)\} .$$

其中样本标签 $\boldsymbol{y}_i=(y_i^{(1)},y_i^{(2)},\cdots,y_i^{(C)})^{\mathrm{T}}$ 为列向量，向量中的每个元素表示第 i 个样本对应类别的概率，并且 C 代表样本类别的种类. 如果模型的预测输出为 $\tilde{\boldsymbol{y}}_i$，那么对于模型任意一次预测的交叉熵损失函数为

$$L(\boldsymbol{y},\tilde{\boldsymbol{y}})=-\sum_{j=1}^{C}(y^{(j)}\log(\tilde{y}^{(j)})) . \tag{2.22}$$

而对于整个样本集的平均交叉熵损失函数则可以表示为

$$\frac{1}{N}\sum_{i=1}^{N}L(\boldsymbol{y}_i,\tilde{\boldsymbol{y}}_i)=-\frac{1}{N}\sum_{i=1}^{N}\sum_{j=1}^{C}(y_i^{(j)}\log(\tilde{y}_i^{(j)})) . \tag{2.23}$$

对分类任务而言，一般来说交叉熵损失函数比平方损失函数有更好的表现，同时我们希望得到的结果是在整个样本集上平均损失最小.

2. 回归任务

在统计学中，把研究变量之间的关系并对其构建模型的过程称为回归. 在监督学习中，回

归用于预测输入变量与输出变量之间的关系，即输入变量与输出变量之间的映射函数，所以回归问题的学习等价于函数的拟合，就是学习一个函数使其能够很好地拟合已知数据且能更好地预测未知数据. 回归问题如果按照输入变量属性特征的个数进行划分，则分为一元回归和多元回归；如果按照输入变量和输出变量之间的关系类型划分，又分为线性回归和非线性回归. 回归学习最常用的损失函数是平方损失函数.

下面通过一个简单的一元线性回归的例子来说明拟合一条直线即得到其预测函数的过程. 假设已知 Oxy 平面上的 6 个点（1,3）、（2,4）、（3,7）、（4,8）、（5,11）和（6,14），试拟合一条直线 $y = wx + b$，使得这些点沿 y 轴方向到该直线距离的平方和最小.

我们知道距离的平方和最小实际上就是模型的平方损失函数的和最小，即

$$\min\sum_{i=1}^{6}(y_i-(wx_i+b))^2 .$$

这里直线的斜率 w 和偏置 b 是要求解的未知量，可以通过最小二乘法或后文介绍的梯度下降算法对其进行求解，最后得到一条拟合的直线，即预测函数，如图 2-2 所示. 因此在给定预测函数的类型后（这里假设是一条直线），最关键的一步是如何构造损失函数. 在损失函数确定后，剩下的就是求解最优化问题，这在数学上一般都有标准的解决方案.

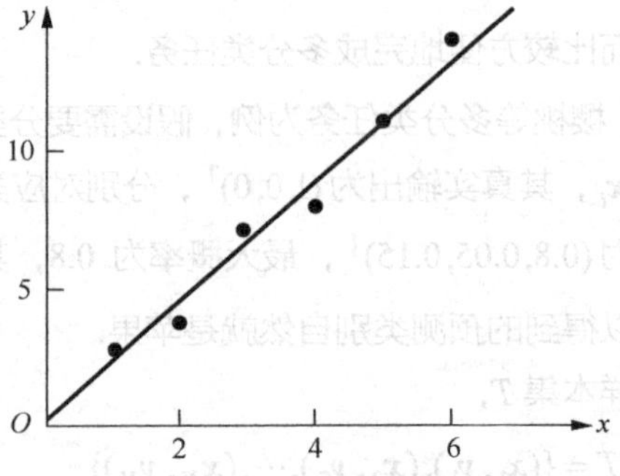

图 2-2　一元线性回归

针对上例中 Oxy 平面上的 6 个点，我们还可以采用非线性的一元回归来进行函数的拟合. 如 $y = b + w_1x + w_2x^2 + w_3x^3 + \cdots + w_mx^m$，显然拟合的可能是一条曲线，同时也可以看出线性回归是非线性回归的特例. 如果给定的是三维空间 $Oxyz$ 的样本点，并采用线性回归分析，那么拟合的则是一个三维空间的超平面 $z = b + w_1x + w_2y$ 的多元线性函数. 当然还可以采用非线性回归对三维空间 $Oxyz$ 的样本点进行回归分析，其拟合的可能是曲面.

从上面的分析可以得到，假设预测函数是输入变量的线性函数，那么模型的假设空间就是由所有线性函数构成的函数集合. 而在非线性回归分析中，即使在给定 m 取值的条件下，在模型的假设空间中仍然存在多个不同复杂度的模型，但模型假设空间的确定就意味机器学习范围的确定. 机器学习的目的就是在确定模型结构类型后，通过构造损失函数，利用训练集样本数据不断地进行迭代和学习，使得真实输出与模型的预测输出差异最小（后续会讨论过拟合问题），从而在模型的假设空间中求解模型，并对新样本数据进行预测和分析，评估模型的泛化

能力，直至选择到最优模型. 因此，机器学习就是确定预测函数的类型和求解函数参数的过程，可以将这个过程归纳为：

（1）得到一个有限的训练集；

（2）确定包含所有可能模型的假设空间，得到模型结构类型；

（3）构造模型的损失函数（这是机器学习的关键步骤）；

（4）确定求解模型的优化算法；

（5）不断进行迭代，选择最优模型，即确定模型参数.

（6）利用该模型对新样本数据进行预测和分析，评估模型的泛化能力；

2.3 模型的评估

2.3.1 数据集的划分方法

机器学习关注的是学到的模型能否很好地预测新样本，而不仅仅是在训练集上的预测能力. 我们把模型适用于新样本的预测分析能力称为泛化（Generalization）能力，具有强泛化能力的模型能很好地适用于整个样本空间. 通常，训练样本越多，标记越精确，那么通过机器学习获得的模型的泛化能力就越强.

我们把模型预测的输出与样本的标签值之间的差异称为误差（Error），把机器学习在训练集上的误差称为训练误差（Training Error），而把其在新样本上的误差称为泛化误差（Generalization Error）. 但是，我们事先并不知道新样本是什么，因此，需要使用一个测试集来测试学到的模型对新样本的预测能力，然后以测试集上的测试误差（Testing Error）来作为泛化误差的近似. 假设有一个样本数据集 $D=\{(\boldsymbol{x}_1,y_1),(\boldsymbol{x}_2,y_2),\cdots,(\boldsymbol{x}_N,y_N)\}$，而事先并没有确定的训练集和测试集，那么我们如何对这个样本数据集进行划分呢？下面介绍几种常用的数据集划分方法.

1. 留出法

留出法直接将样本数据集 D 划分为两个互斥的集合，其中一个集合作为训练集 S，另一个集合作为测试集 T，且 $D=S\cup T$. 在训练集上训练出模型后，我们再用测试集评估其测试误差，并以此作为泛化误差的近似. 一般的划分原则是将样本数据集 D 中 $2/3$～$4/5$ 的样本作为训练集，其余的作为测试集. 模型评估的本质是对数据集 D 训练出来的模型进行性能的评估，显然训练集的样本越多，训练出的模型越接近于用 D 训练出来的模型. 但是此时由于测试集的样本数过少会使得模型的评估结果不够准确. 相反，如果让测试集包含更多的样本，那么训练集的样本数会减少，训练出来的模型又不能真正代表用 D 训练出来的模型. 通常用 D 中 70% 的样本作为训练集较为合适.

以二分类任务为例，假设数据集 D 中一共有 2000 个样本，其中正样本 1000 个，负样本

1000 个. 如果将数据集 D 中 70%的样本划分为训练集，那么最好的做法是分别将数据集 D 中正样本的 70%和负样本的 70%划分为训练集. 如果是多分类任务，则需要分别将每个类别正、负样本的 70%划分为训练集，从而保持与原始数据集 D 中数据分布的一致性.

那么剩下的问题是，如何从 1000 个正样本中选出 700 个正样本作为训练集的正样本呢？显然有多种选择方式，在留出法中采用随机挑选的方法. 选取不同的样本作为训练集，所训练出来的模型会有所差异，同时评估的结果也会不同. 在留出法中一般还需要采用若干次随机选择，并且重复进行实验评估后取平均值作为最后的评估结果.

如图 2-3 所示，假设进行 p 次随机划分，每次产生一个训练集和测试集用于实验评估，p 次评估后就得到 p 个结果，最后的评估结果为 p 次评估的均值. 其中 S_i 是第 i 次随机选择数据集 D 中 70%的样本所形成的训练集，余下的则作为测试集 T_i，并用训练后的模型在测试集上进行预测，得到测试集上的测试误差 E_i，重复进行 p 次，并将 p 次的测试误差均值作为数据集 D 上预测函数的评估结果.

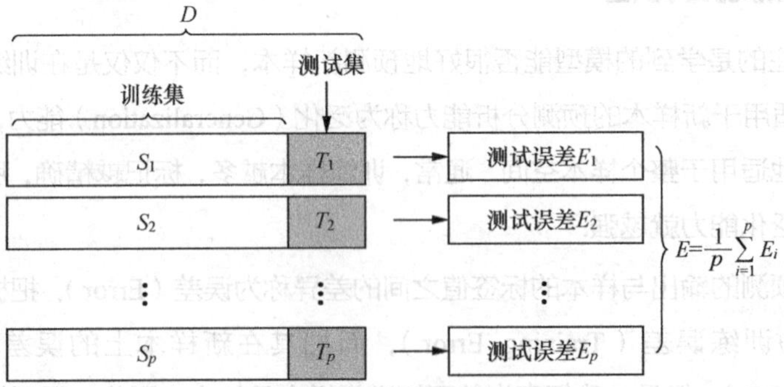

图 2-3 留出法示意

2. 交叉验证法

交叉验证法将数据集 D 划分为 k 个大小相似的互斥子集，即 $D = D_1 \cup D_2 \cup \cdots \cup D_k$. 每个子集都尽可能保持数据分布的一致性，然后每次选用一个子集作为测试集，其余的作为训练集. 因此可以得到 k 组训练集和测试集，最终的评估结果为 k 个测试结果的均值. k 最常用的取值为 5、10、20 等. 交叉验证法又称为"k 折交叉验证".

将数据集 D 划分为 k 个子集同样存在多种划分方式，即不同的样本组成的子集 D_i 不同，通常也要随机使用不同的划分方式重复进行 p 次试验，最终的评估结果是 p 次 k 折交叉验证结果的均值，将此均值作为数据集 D 上训练模型的评估结果. 当数据集 D 的容量较大时，我们经常使用的就是交叉验证法. 图 2-4 只描述了 1 次 5 折交叉验证评估结果的均值.

3. 自助法

假设给定包含 N 个样本的数据集 D，对它进行采样并产生训练集 S. 图 2-5 详细描述了自助法采样及评估过程，即每次随机从数据集 D 中挑选一个样本，将其放入训练集 S 中，然后将该样本放回到数据集 D 中，这样重复 N 次后，得到包含 N 个样本的训练集 S. 我们知道单个样本每次被选中的概率为 $1/N$，那么不会被选中的概率则为 $(1-(1/N))$，如果 N 足够大，

那么某个样本永远不会被选中的概率极限为

$$\lim_{N\to\infty}\left(1-\frac{1}{N}\right)^N=\frac{1}{e}\approx 0.368. \tag{2.24}$$

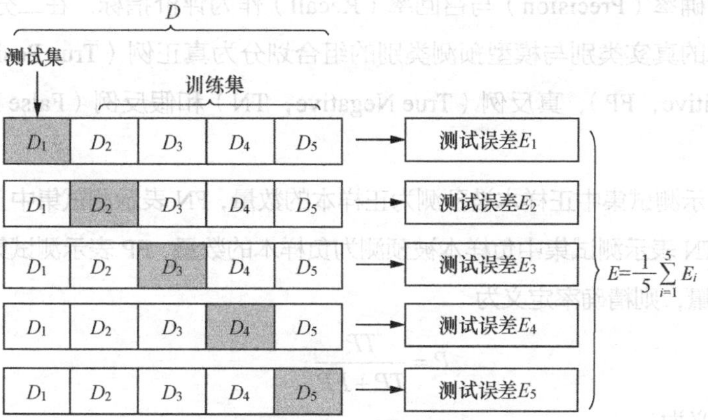

图 2-4　1 次 5 折交叉验证

于是把数据集 D 中永远没有在训练集 S 中出现的样本作为测试集 T. 我们把这种数据集的划分方法称为自助法. 显然，自助法产生的 N 个样本的训练集中有部分样本是重复的，因此训练集中数据的分布发生了改变，产生的模型会与数据集 D 训练出来的模型有一定的偏差，对模型的评估也会有一定的影响. 但如果用于训练的数据较少，自助法仍然是一个不错的方法.

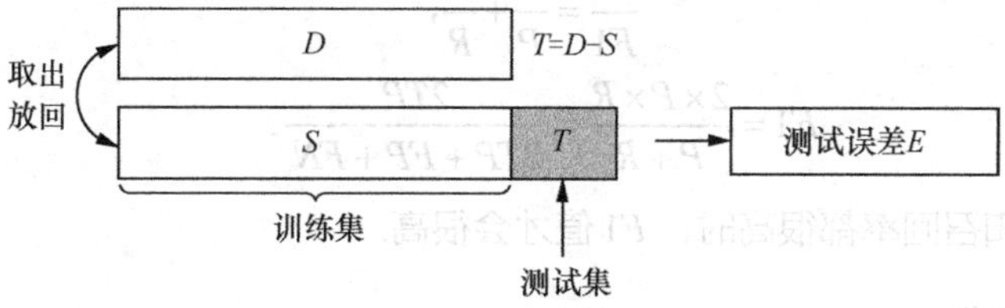

图 2-5　自助法示意

2.3.2　模型的评价指标

为了评估模型的泛化能力，我们需要定义衡量模型泛化能力的评价指标，根据评价指标来选择泛化能力最优的模型. 通常情况下，监督学习分为训练和预测两个阶段，一般用与训练集不同的测试集来进行模型的评估. 但是，模型的评估除了要对学习算法进行选择外，还需要对算法参数进行设定. 因此，我们有必要再引入一个验证集. 测试集用于对模型泛化能力的评估，而验证集用于对算法参数的设定. 其数据集的划分原则一般是训练集 60%、验证集 20%、测试集 20%. 当模型选择完成后，其学习算法和参数都已经确定，在模型对未知数据进行测试前，我们需要在整个样本数据集上重新训练模型，这个模型才是在实际工程中应用的最终模型.

对于回归问题，最常用的模型评价指标是预测函数的输出与标签值之间的均方误差，而对于分类任务，衡量模型的泛化能力则需要综合下述的多项指标.

1. 精确率与召回率

评价分类任务的指标一般是准确率（Accuracy），即对于给定的测试集，正确分类的样本数与总样本数之比. 准确率既适用于二分类任务，又适用于多分类任务. 对于二分类任务通常还采用精确率（Precision）与召回率（Recall）作为评价指标. 在二分类任务中，可将测试集中样本的真实类别与模型预测类别的组合划分为真正例（True Positive，TP）、假正例（False Positive，FP）、真反例（True Negative，TN）和假反例（False Negative，FN）4 种情形.

其中，TP 表示测试集中正样本被预测为正样本的数量，FN 表示测试集中正样本被预测为负样本的数量，TN 表示测试集中负样本被预测为负样本的数量，FP 表示测试集中负样本被预测为正样本的数量，则精确率定义为

$$P=\frac{TP}{TP+FP}. \tag{2.25}$$

而召回率定义为

$$R=\frac{TP}{TP+FN}. \tag{2.26}$$

精确率与召回率是一对矛盾的指标. 一般来说，精确率越高则召回率越低，而召回率越高则精确率越低. 因此，可以采用精确率和召回率的调和均值（$F1$ 值）来进行性能指标的度量. 其中

$$\frac{2}{F1}=\frac{1}{P}+\frac{1}{R},$$

$$F1=\frac{2\times P\times R}{P+R}=\frac{2TP}{2TP+FP+FN}. \tag{2.27}$$

只有当精确率和召回率都很高时，$F1$ 值才会很高.

2. ROC 曲线

前文我们已经描述过，在分类任务中模型的预测值可能是某个指定类别的概率. 以二分类为例，如果设置一个阈值，当模型预测结果的概率值大于该阈值时判定为正类，否则判定为负类. 因此，模型泛化能力是由预测结果和阈值共同决定的，那么又如何来评估模型的性能呢？通常采用受试者工作特征（Receiver Operating Characteristic，ROC）曲线进行衡量. ROC 曲线的纵坐标轴为真正例率（True Positive Rate，TPR），横坐标轴是假正例率（False Positive Rate，FPR），其中

$$TPR=\frac{TP}{TP+FN},$$

$$FPR=\frac{FP}{TN+FP}. \tag{2.28}$$

显然，$TP+FN$ 为测试集中正样本数量的和，而 $TN+FP$ 为测试集中负样本数量的和.

下面以一个具有 20 个样本的测试集的二分类任务为例，来说明 ROC 曲线的绘制及其评价方法. 假设表 2-1 中“真实”表示测试集中样本的真实类别，“预测”表示模型的预测结果，即其判

定样本为正类的概率，并且将所有样本预测为正类的概率从高到低进行排序.

表 2-1 样本的真实类别与预测结果

序号	真实	预测	序号	真实	预测	序号	真实	预测	序号	真实	预测
1	正类	0.9	6	正类	0.54	11	正类	0.4	16	负类	0.35
2	正类	0.8	7	负类	0.53	12	负类	0.39	17	正类	0.34
3	负类	0.7	8	负类	0.52	13	正类	0.38	18	负类	0.33
4	正类	0.6	9	正类	0.51	14	负类	0.37	19	正类	0.32
5	正类	0.55	10	负类	0.50	15	负类	0.36	20	负类	0.31

首先，分别绘制横坐标轴 *FPR* 和纵坐标轴 *TPR*. 从高到低，依次将预测结果的概率值作为阈值，当样本的预测结果大于或等于此阈值时，判定为正类，否则判定为负类. 由于最高的预测结果概率为 0.9，即第一次将 0.9 作为阈值，此时只有 1 个样本判定为正类，其余样本都判定为负类. 从表 2-1 可以得到，测试集中正样本数量的总数为 10，同时负样本数量的总数也为 10，因此当阈值为 0.9 时，*TPR*=1/10=0.1、*FPR*=0/10=0，并绘制该坐标点(0,0.1). 然后，依次将 0.8,0.7,… 作为阈值，分别得到对应的 *TPR* 和 *FPR*，并绘制于图 2-6 所示的平面坐标上. 例如，当阈值为 0.8 时，由于 *TP*=2、*FP*=0，因此 *TPR*=2/10=0.2、*FPR*=0/10=0，即对应的坐标点为 (0,0.2)；当阈值为 0.7 时，由于 *TP*=2、*FP*=1，因此 *TPR*=2/10=0.2、*FPR*=1/10=0.1，即对应的坐标点为 (0.1,0.2). 最后将所有的点用线段进行连接，便可以得到 ROC 曲线，如图 2-6 所示.

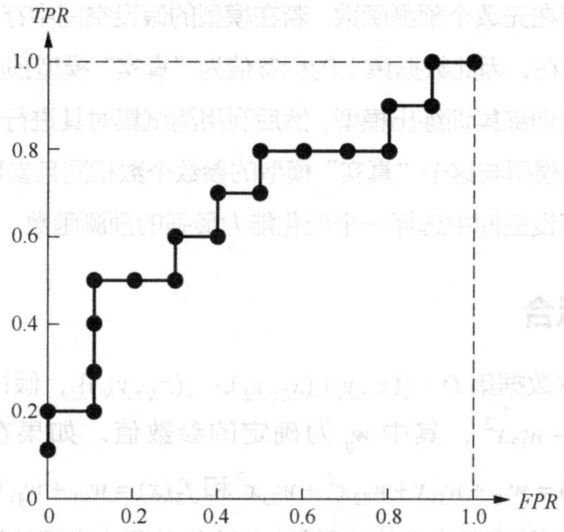

图 2-6 ROC 曲线

通过绘制以上的 ROC 曲线，可以简单总结一下其绘制的过程. 假设给定的样本中有 *L* 个正类和 *M* 个负类，根据模型的预测结果对样本进行排序，将分类阈值依次设为每个样例的预测值，即大于或等于该阈值的样本均预测为正类，其余为负类. 从原点开始，如果当前样本标签为正类则纵坐标轴增加 1/L，如果当前样本标签为负类则横坐标轴增加 1/M，遍历所有样本点并用线段将各坐标点进行连接即可得到 ROC 曲线.

若一条 ROC 曲线完全在其他 ROC 曲线的左上部分，那么说明这个模型的性能优于其他模型. 如果两个模型的 ROC 曲线交叉，则需要比较 ROC 曲线右下方的面积（Area Under Curve，AUC）. AUC 较大的模型为最优模型.

3. 混淆矩阵

以上主要描述了二分类任务的评价指标，多分类任务的准确率可以用混淆矩阵（Confusion Matrix，CM）进行定义. 对于 k 分类任务，混淆矩阵为 $k \times k$ 的矩阵，它的元素 c_{ij} 表示第 i 类样本被分类器判断为第 j 类的数量，则混淆矩阵可以表示为

$$\begin{pmatrix} c_{11} & \cdots & c_{1k} \\ \vdots & & \vdots \\ c_{k1} & \cdots & c_{kk} \end{pmatrix}.$$

如果所有样本都被正确分类，则混淆矩阵为对角矩阵，即只有 $i = j$ 时有不为 0 的取值. 因此，对固定的测试集而言，混淆矩阵中对角线的值越大，则分类器的准确率越高.

2.4 模型的选择

对于样本数据集 $D = \{(x_1, y_1), (x_2, y_2), \cdots, (x_N, y_N)\}$，为了便于理解，我们假设其输入和输出均为标量，若预测函数的类型为 $y = w_0 + w_1 x + w_2 x^2 + w_3 x^3 + w_4 x^4 + w_5 x^5$，由于 w_i 参数未知，因此模型的假设空间中存在无数个预测函数. 若在模型的假设空间中存在一个“真实”的理想模型，由于测量误差的存在，因此数据集上的标签值为“真实”模型预测值与噪声的和. 那么机器学习的任务就是通过训练集训练出模型，然后利用测试集对其进行性能评估，选择泛化能力最优的模型，期望所选模型与这个“真实”模型的参数个数相同且参数值相近. 因此模型的选择实质就是从模型的假设空间中选择一个泛化能力最强的预测函数.

2.4.1 欠拟合与过拟合

综上所述，对于样本数据集 $D = \{(x_1, y_1), (x_2, y_2), \cdots, (x_N, y_N)\}$，假设“真实”模型的预测函数为 $f(x) = w_{10} + w_{11} x + w_{12} x^2$，其中 w_{ij} 为确定的参数值. 如果在训练集上分别得到 $f_1(x) = w_{20} + w_{21} x$、$f_2(x) = w_{30} + w_{31} x + w_{32} x^2 + w_{33} x^3$ 和 $f_3(x) = w_{40} + w_{41} x + w_{42} x^2$ 这 3 个预测函数. 由于“真实”模型的预测函数为非线性函数，而在训练集上学得的第一个预测函数为线性函数，模型过于简单，自然对训练集上的样本数据拟合能力比较差，更谈不上对新数据的泛化能力，即这种预测函数会发生欠拟合（Under-Fitting）.

第二个预测函数的复杂度高于“真实”模型的预测函数的复杂度，此时对训练集而言可能有最小的误差，其预测性能表现很好，但是对测试集而言其泛化能力却往往不佳，即这种预测函数会发生过拟合（Over-Fitting）. 引起过拟合的主要原因包括：训练样本数据有噪声干扰，

导致模型拟合了这些噪声；训练样本数量有限，将训练样本自身的一些特点当作所有样本的潜在规律进行了学习，简单地说就是学得太好了，导致模型过于复杂，反而会导致泛化能力下降.

显然，第三个预测函数的复杂度和“真实”模型的预测函数的复杂度相同，同时如果模型的参数也和“真实”模型的参数相近，那么它不仅在训练集上表现很好，也会在测试集上有优秀的表现，这就是我们所需要选择的最优模型. 欠拟合通过增加训练可以避免，但是过拟合则不容易彻底避免，最为常用的解决方法之一就是后文要讲述的正则化（Regularization）.

2.4.2 偏差与方差

我们知道在训练集上表现过于优秀的模型，其泛化能力反而可能会下降，那是什么原因造成的呢？对于测试集 $T=\{(\boldsymbol{x}_1,y_1),(\boldsymbol{x}_2,y_2),\cdots,(\boldsymbol{x}_N,y_N)\}$，假设存在一个“真实”模型并在测试集上的输出为 $f(\boldsymbol{x})$，而利用在训练集上学习到的预测函数在测试集上的输出为 $\tilde{y}=\tilde{f}(\boldsymbol{x})$ 且为随机变量，我们把该预测函数输出的数学期望与“真实”模型输出值之间的误差称为偏差（Bias），即

$$bias^2(\boldsymbol{x})=(E[\tilde{f}(\boldsymbol{x})]-f(\boldsymbol{x}))^2. \tag{2.29}$$

高偏差意味着“真实”模型输出值与学习到的模型输出值的数学期望之间差距很大，因此会导致欠拟合问题. 而当使用不同的训练集进行训练时，学习到的模型会有所不同，各模型的输出值与其数学期望之间的误差称为方差（Variance），即

$$D(\boldsymbol{x})=E[(\tilde{f}(\boldsymbol{x})-E[\tilde{f}(\boldsymbol{x})])^2]. \tag{2.30}$$

因此，方差是由不同训练集中样本数据的扰动所造成的.

假设测试集 T 上标签值 y 的噪声为

$$\varepsilon^2=E[(y-y_{tr})^2]=E[(y-f(\boldsymbol{x}))^2]. \tag{2.31}$$

同时令随机噪声的数学期望为 0，那么模型在测试集上的总体误差（泛化误差）可以表示为

$$\begin{aligned}E[(y-\tilde{f}(\boldsymbol{x}))^2]&=E[(y-E[\tilde{f}(\boldsymbol{x})]+E[\tilde{f}(\boldsymbol{x})]-\tilde{f}(\boldsymbol{x}))^2]\\&=E[(y-E[\tilde{f}(\boldsymbol{x})])^2]+E[(E[\tilde{f}(\boldsymbol{x})]-\tilde{f}(\boldsymbol{x}))^2]+\\&\quad 2E[(y-E[\tilde{f}(\boldsymbol{x})])(E[\tilde{f}(\boldsymbol{x})]-\tilde{f}(\boldsymbol{x}))]\\&=E[(y-f(\boldsymbol{x})+f(\boldsymbol{x})-E[\tilde{f}(\boldsymbol{x})])^2]+E[(E[\tilde{f}(\boldsymbol{x})]-\tilde{f}(\boldsymbol{x}))^2]\\&=E[(y-f(\boldsymbol{x}))^2]+E[(f(\boldsymbol{x})-E[\tilde{f}(\boldsymbol{x})])^2]+E[(E[\tilde{f}(\boldsymbol{x})]-\tilde{f}(\boldsymbol{x}))^2]\\&=\varepsilon^2+bias^2(\boldsymbol{x})+D(\boldsymbol{x}).\end{aligned} \tag{2.32}$$

也就是说泛化误差是偏差、方差和噪声之和. 如果模型过于简单（欠拟合），即训练程度不够，预测函数的拟合能力不强时，一般会有较大的偏差. 反之，如果模型过于复杂（过拟合），即训练程度过深，预测函数的拟合能力过强时，则会有较大的方差. 因此需要在偏差和方差之间进行折中. 而噪声则表达了当前任务上任何学习算法所能达到的最小期望泛化误差.

2.4.3 正则化

模型的选择就是希望能够得到泛化误差最小的预测函数，而监督学习又包含训练和预测两个学习过程. 从前面的分析中我们知道，如果一味地追求训练误差最小，则学习到的并不一定是最优的模型，因为我们最终需要的是在新样本上泛化能力最好的模型. 那么如何在训练集上进行模型的选择呢？

在回答这个问题之前，我们先简单理解一下奥卡姆剃刀（Occam's Razor）原理：在所有可能选择的模型中，能够很好地解释已知数据并且最简单的才是最好的模型. 基于奥卡姆剃刀原理，模型选择的典型方法是正则化. 正则化就是在训练误差的基础上增加正则化项（Regularizer）. 正则化项一般是表征模型复杂度的单调递增函数，模型越复杂，正则化项的值就越大. 因此，正则化约束的形式可以表示为

$$\min_{f}\frac{1}{N}\sum_{i=1}^{N}L(y_i,f(\boldsymbol{x}_i))+\lambda J(f)\,. \tag{2.33}$$

式 2.33 由两部分组成，第一部分为训练集上的平均损失函数，第二部分为正则化项，λ 为正则化项系数，且 $\lambda\geqslant 0$. λ 的值越大，则正则化项所起的作用越大.

在回归任务中，损失函数为均方损失函数，正则化项可以是参数向量 $\boldsymbol{w}$ 的 L2 范数，则其正则化约束形式为

$$L(\boldsymbol{w})=\frac{1}{N}\sum_{i=1}^{N}(y_i-f(\boldsymbol{x}_i;\boldsymbol{w}))^2+\lambda\|\boldsymbol{w}\|^2\,. \tag{2.34}$$

另外，正则化项也可以是参数向量 $\boldsymbol{w}$ 的 L1 范数，则其正则化约束形式为

$$L(\boldsymbol{w})=\frac{1}{N}\sum_{i=1}^{N}(y_i-f(\boldsymbol{x}_i;\boldsymbol{w}))^2+\lambda\|\boldsymbol{w}\|_1\,. \tag{2.35}$$

由于 L2 正则化的公式可导，而且其损失函数的偏导数比较简洁，因此在机器学习中，我们常采用这种形式.

在深度学习中还经常采用提前终止来防止过拟合，即在每轮训练结束时，计算验证集上的损失函数，如果损失函数不再下降或者下降较少则停止训练. 当然，为了避免只进行一轮迭代带来的误差，在连续几轮后，如果损失函数不再下降就可以停止训练.

另外，海量的数据也可以减少过拟合的发生，因此可以通过对原始样本数据添加噪声、进行变换的方法来增加标记样本的数量. 如可以对原始图片进行裁剪、旋转、扭曲和拉伸等操作生成不同的标记样本数据，不仅可以扩大样本集的数据容量，还能增加模型的健壮性，提高模型的预测和分析能力.

2.5 本章小结

本章主要介绍了机器学习的基本理论以及模型评估与选择的相应策略. 本书主要讨论的是深度学习，由于篇幅的限制，因此对机器学习的具体算法没有涉及，有兴趣的读者可以阅读相

应的参考文献.

机器学习根据输入样本数据类型的不同常分为监督学习、半监督学习和无监督学习. 而监督学习的典型代表是分类与回归. 在分类任务中常采用交叉熵损失函数，而在回归任务中常采用平方损失函数. 机器学习的最终目标是学习到一个理想的模型，通过该模型对未知样本数据进行有效的预测和分析，因此需要对学习到的模型进行有效评估与选择，从而实现最终目标.

2.6 习题

1. 机器学习的定义有哪些？
2. 机器学习有哪些分类？
3. 监督学习中常用的损失函数有哪些？
4. 分类与回归任务有什么差异？
5. 对于给定的样本数据集，在监督学习中对数据集进行划分有哪些方法？
6. 数据集包含 1000 个样本，其中 500 个正样本、500 个负样本，将其划分为包含 70%样本的训练集和 30%样本的测试集用于留出法，试估算共有多少种划分方式？
7. 二分类任务中有哪些评价指标？
8. ROC 曲线是如何绘制的？
9. 什么是过拟合？
10. 如何有效减少过拟合的发生？

03 chapter 深度学习主要框架

前文介绍了人工智能中的一些基本概念和原理．要实际运用后文提到的算法来解决问题，还需要借助一些开发工具或软件．本章将介绍一些主流的深度学习框架，如 TensorFlow、Keras、Caffe、MXNet、PyTorch 等．在众多框架中，TensorFlow 是由 Google 公司主导的一个开源框架，如今在 GitHub 上的各项指标都遥遥领先其他深度学习框架．自 2015 年开源以来，TensorFlow 发展迅速，目前已经更新到 2.0 以上的版本（截至本书成稿）．在本书中，部分项目是基于 TensorFlow 框架实现的．本章将详细介绍 TensorFlow 框架，使读者熟悉 TensorFlow 原理及应用，掌握使用 TensorFlow 进行网络构建与训练的方法以及在实际案例中的使用方法．此外，本章还将介绍其他主流深度学习框架（如 Keras、Caffe、PyTorch 等）的基本原理．

3.1 TensorFlow 原理与应用

TensorFlow 拥有不同操作系统下的多个版本，支持的主流操作系统有 Linux、Windows、macOS 等. 本节主要介绍基于 Linux 操作系统的 TensorFlow 安装与编译方法、TensorFlow 框架结构分析以及 TensorFlow 的案例应用分析. TensorFlow 安装又分为 CPU 版和 GPU 版，安装 CPU 版无须安装显卡驱动 CUDA、CUDNN 等，所以相对简单. 为了方便读者安装与实践，我们推荐使用 Anaconda 作为 Python 环境，这也可以避免大量兼容性和依赖性的问题.

3.1.1 安装与编译

1. 快速安装

首先在计算机上安装好 Ubuntu 16.04（最好是 Ubuntu 14.04 及以上版本）的 Linux 操作系统. 由于 Ubuntu 系统自带 Python 2.7，因此不再需要安装 Python. 可以打开终端输入命令 Python --version 来查看当前 Python 的版本.

（1）安装 pip. 打开终端，输入命令：sudo apt-get install Python-pip Python-dev. 运行该命令可能会出现错误，如无法定位 Python-pip 软件包、Python-dev 没有可安装候选等. 这时需要更新软件包信息，具体做法是在终端执行 sudo apt-get update.

（2）安装 TensorFlow. 直接在终端输入命令：pip install TensorFlow. 这是基于 Python 2.7 的 TensorFlow 版本，支持 CPU.

（3）验证 TensorFlow 是否安装成功. 首先在终端输入命令：Python. 进入 Python 环境，紧接着测试 TensorFlow，代码如下：

```
import TensorFlow as tf
sess = tf.Session()
hello=tf.constant('Hello, TensorFlow!')
print(sess.run(hello))
```

若在终端输出“Hello,TensorFlow!”，则表明 TensorFlow 安装成功.

（4）卸载 TensorFlow. 使用 pip 来管理 Python 的库十分方便，因此卸载 TensorFlow 只需要一行命令：sudo pip uninstall TensorFlow.

2. 通过 Anaconda 方式安装

也可以使用 Anaconda 作为 Python 环境，这样可以避免大量兼容性和依赖性的问题，且使用 Anaconda 进行后续更新和维护也非常方便. 本书采用 Python 3.6 及 TensorFlow 1.6，使用 TensorFlow 的 CPU 版本安装相对简单. 使用 Anaconda 的安装步骤具体如下.

（1）从 Anaconda 的官网下载 Anaconda3 的最新版本（截至本书成稿）：Anaconda3-5.0.1-Linux-x86_64.sh.

可以根据自己的环境选择操作系统与对应 Anaconda 版本的 64 位版本.

（2）在 Anaconda 存放目录下执行如下命令：

```
bash Anaconda3-5.0.1-Linux-x86_64.sh
```

（3）根据安装提示，直接输入 yes 并按 Enter 键，然后就开始安装. 本小节使用默认路径.

（4）可以在 Python 3 下使用命令 import Numpy，看是否报错. NumPy 是 Anaconda 的内置库.

（5）安装完成后，程序会提示是否把 Anaconda3 的 binary 路径加入当前用户的 .bashrc 配置文件. 添加后就可以自动使用 Anaconda3 的 Python 3.6 环境.

（6）通过 Anaconda 安装 TensorFlow，使用如下命令：

```
conda install TensorFlow
```

（7）利用快速安装方法中的步骤（3）验证 TensorFlow 是否安装成功.

在安装好 TensorFlow 之后，接下来就可以使用 TensorFlow 了.

3.1.2 TensorFlow 框架结构分析

下面先介绍 TensorFlow 系统架构和数据流图，使读者对 TensorFlow 的结构和运行方式等有比较全面的了解.

1. TensorFlow 系统架构

TensorFlow 系统构架如图 3-1 所示，其中的 C API 是 C 语言的应用程序接口（Application Program Interface，API），C API 上面是可编程的客户端组件，C API 下面是后端执行组件. 客户端提供支持多语言的编程模型，负责构造计算图. 后端是 TensorFlow 的运行时子系统，主要负责计算图的执行，包括计算图的剪枝、设备运行分配、子图计算等.

TensorFlow 系统架构的核心组件及其作用如下.

（1）客户端是前端的主要组成部分，提供基于计算图的编程模型，方便用户构建各种复杂的计算图，实现各种复杂的模型结构.

（2）Distributed Master 负责从图中反向遍历，找到最小子图，再把最小子图分割成子图片段派发给工作区，之后工作区再启动各个子图片段的执行过程.

（3）工作区可以管理多个设备，从 Distributed Master 上接收子图，在设备上调用 Kernel 完成运算，把结果返回给需要的工作区，并接收来自其他工作区的运算结果.

（4）Kernel 是操作系统在不同硬件条件下的运算和实现，负责具体的计算.

如图 3-1 所示，客户端启动会话并把定义好的数据流图传给执行层，Distributed Master 进程负责拆解最小的子图并分发给工作区，工作区则调用 Kernel 的算子，利用拥有的资源完成计算.

2. 数据流图

TensorFlow 用符号计算图. TensorFlow 的名字形象地描述了其自身的执行原理：Tensor（张量）意味着 N 维数组，Flow（流）意味着数据的计算方式.

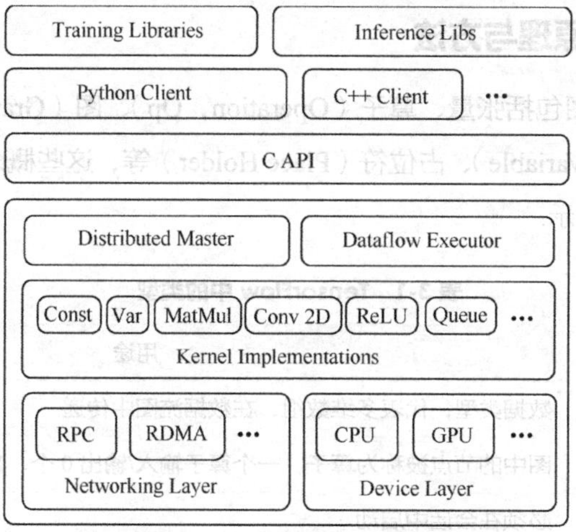

图 3-1　TensorFlow 系统架构

数据流图中的图就是指有向图，包含两种基本元素：节点和边. 其中节点代表对数据所做的运算或者某种算子，边代表数据流动的方向，即输入与输出，这些输入与输出在 TensorFlow 中沿着这些边传递. 这些特殊类型的数据在 TensorFlow 中就是张量，也就是多维数组. 关于张量的解释，详见后文.

当向图中输入张量后，代表特定操作的节点就会被分配到计算设备完成计算. 图 3-2 所示就是一个简单的数据流图.

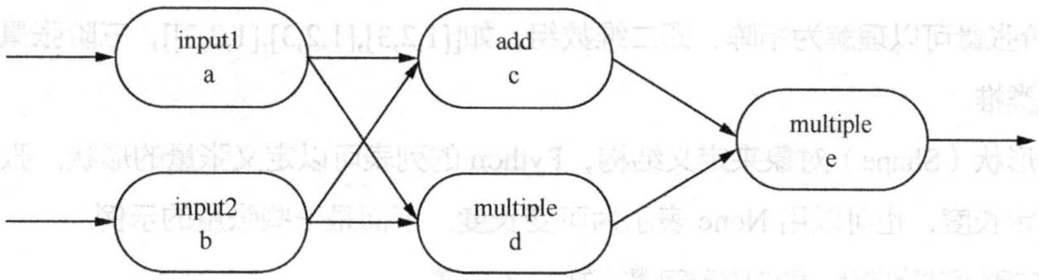

图 3-2　数据流图

如图 3-2 所示，数据流图由节点 a、b、c、d、e 和对应的边组成，有两个输入和一个输出，如以下代码.

```
a=input1;
b=input2;
c=a+b;
d=a*b;
e=c*d;
```

当 a=4、b=5 时，经计算输出等于 180.

从宏观来看，如果把一个数据流图看成一个构件（或组件），在可视化的时候可以把每个数据流图内部的运输隐藏起来，从而可以侧重于其他一些重要的运算结构，使数据流图简单、易懂.

3.1.3 TensorFlow 原理与方法

TensorFlow 数据流图包括张量、算子（Operation，Op）、图（Graph）、会话（Session）、常量（Content）、变量（Variable）、占位符（Place Holder）等，这些概念是 TensorFlow 的组成部分和基础，如表 3-1 所示.

表 3-1 TensorFlow 中的类型

类型	描述	用途
Tensor	张量	数据类型，代表多维数组，在数据流图中传递
Op	算子	图中的节点被称为算子，一个算子输入/输出 0 个、1 个或者多个张量
Graph	图	必须在会话中启动
Session	会话	图必须在会话中启动. 会话将图的算子分发到各个 GPU 或者 CPU 上计算
Content	常量	数据类型，运行过程中不发生改变
Variable	变量	数据类型，运行过程中可以改变，常用来描述偏置或者权重
Place Holder	占位符	先占一个位置，之后用“feed”方式把数据填进去，用来输入数据

1. 张量

张量在 TensorFlow 中是非常重要的概念，可以将其简单理解为多维数组. 零阶张量为纯量或标量（Scalar），也就是一个数，如[2]；一阶张量可以理解为向量（Vector），如一维数组[1,2,3]；二阶张量可以理解为矩阵，即二维数组，如[[1,2,3],[1,2,3],[1,2,3]]，三阶张量、四阶张量……以此类推.

张量用形状（Shape）对象来定义结构，Python 的列表可以定义张量的形状. 张量的每一维可以是固定长度，也可以用 None 表示为可变长度. 下面是一些张量的示例.

```
#指定零阶张量的形状，可以是任意正数，如 1、3、5 等
t_list = []
t_tuple = ()
#指定一个长度为 3 的向量，例如[1, 2, 3]
t_1 = [3]
#指定一个 2 × 3 的矩阵形状
#例如[[1,2,3], [4,5,6]]
t_2 = (2, 3)
#表示任意长度的向量
t_3 = [None]
#表示行数任意、列数为 3 的矩阵的形状
t_4 = [None, 3]
#表示第一维长度为 4、 第二维长度为 2、 第三维长度任意的三阶张量
t_5 = [4, 2, None]
```

TensorFlow 和 NumPy 有很好的兼容性，TensorFlow 的数据类型基于 NumPy 的数据类型. TensorFlow 支持的数据类型如表 3-2 所示.

表 3-2 TensorFlow 支持的数据类型

数据类型	描述	数据类型	描述
Tf.float32	32 位浮点数	Tf.uint8	8 位无符号整型
Tf.float64	64 位浮点数	Tf.string	可变长度的字节数组，每个张量元素都是一个字节数组
Tf.int64	64 位有符号整型	Tf.bool	布尔型
Tf.int32	32 位有符号整型	Tf.qint32	用于量化 ops 的 32 位有符号整型
Tf.int16	16 位有符号整型	Tf.qint16	用于量化 ops 的 16 位有符号整型
Tf`.int8	8 位有符号整型	Tf.qint8	用于量化 ops 的 8 位无符号整型

2. 算子

算子是图中节点的另一种说法，它代表一个对张量执行操作的节点．算子运算完成后将返回任意多个张量．可以调用 Python 或 TensorFlow 的运算方法创建算子（如 tf.add()、tf.sub()等）．调用这些算子需要传入所需参数，如 tf.add(a,b)，也可以添加一些附加信息，如名称（tf.add(a,b, name = "add_op")）等．也有部分算子没有输入和输出，如对一些变量进行初始化的算子．TensorFlow 的算子类型包括数值计算、多维数组操作、矩阵运算、状态管理等，如表 3-3 所示．

表 3-3 TensorFlow 的算子类型

算子类型	举例
数值计算	add,sub,multiply,div.exp,log,greater,equal
多维数组运算	cincat,slice,split,constant,rank,shape,shuffle
矩阵运算	matmul,matrixinverse,matrixdeterminatnt
状态管理	variable,assign,assignadd
神经网络	softmax,sigmoid,relu,convolution2d,maxpool
检测点	save,restore
队列和同步	enqueuer,dequeuer,mutexacquire
控制张量流动	merge,switch,enter,leave

3. 图

TensorFlow 通过图把张量和算子等组合在一起．TensorFlow 中定义了一个默认的图，添加的张量和算子都会自动添加到这个默认的图中，一般来说，使用这个默认的图就可以了．如果模型较为复杂，也可以自定义图．

如果要使用图，首先要创建图，然后用 with 语句，通知 TensorFlow 把一些算子添加到指定的图中．示例如下．

```
import TensorFlow as tf
#创建一个新的图
graph = tf.Graph()
#使用 with 把一些算子添加到这个图中
with graph.as_default():
    a = tf.add(3,6)
    b = tf.multiply(2,4)
```

4. 会话

图仅仅定义了算子和张量的流向，没有进行计算，而会话则根据图的各个定义分配资源，计算算子．构造会话的方法是 tf.Session()，它有 3 个参数（target、graph、config）.

target 参数一般为空（Null），在分布式设置中在使用会话时使用.

graph 参数指定将要在会话中加载的图对象，默认值为 None，表示使用默认的数据流图.

config 参数对会话的参数进行配置，如限制 CPU 或者 GPU 使用数量、设置图中的优化参数和日志选项等.

一般在 TensorFlow 中，会话不用传入任何参数．示例如下.

```
import TensorFlow as tf
#创建会话对象
sess = tf.Session()
#创建完会话对象以后，需要用方法 run()来运行或计算所期望的张量对象
sess.run(fetches, feed_dict = None, options = None, run_metadata = None)
```

其中只有 fetches 参数是必须传入的参数．fetches 参数可以接收用户想要执行的元素（张量或者算子对象）.

假如对象为一个张量，那么 run()输出的结果将会是一个数组．如果对象是一个算子，那么 run()输出的结果将会是 None．示例如下.

```
import TensorFlow as tf
a = tf.add(4, 6)
b = tf.multiply(a, 5)
sess = tf.Session()
sess.run(b, feed_dict = None, options = None, run_metadata = None)
print(b.shape)
sess.close()
```

其中可以用 feed_dict 参数来覆盖图中的张量．这需要一个 Python 字典对象作为输入.

字典中的键是引用的张量对象，可以被覆盖．字典中的值必须与键同类型．示例如下.

```
import TensorFlow as tf
a = tf.add(4, 6)
b = tf.multiply(a, 5)
#定义一个字典对象，将 a 的值转换为 100
dict = {a : 100}
sess = tf.Session()
```

```
print(sess.run(b, feed_dict = dict)) #返回值为500, 而不是50
sess.close()
```

5. 常量

TensorFlow 中表示常量的方法较 Python 中要稍微复杂一点，需要传递一些参数. 具体的格式如下：

```
tf.constant(value, dtype = None, shape = None, name = 'const', verify_shape =
False)
```

部分参数说明如下.

- value：一个 dtype 类型的常量值，可以是列表. 如果是列表，其长度不能超过参数指定的大小. 如果列表长度小于参数指定的大小，那么多余的空间由列表的最后一个元素来填充.
- dtype：返回张量的类型.
- shape：返回张量的形状.
- name：张量的名字.

示例代码如下：

```
import TensorFlow as tf
#构建计算图
a = tf.constant(1, name = "a")
b = tf.constant(3, name = "b", shape = [2, 2])
#创建会话
sess = tf.Session()
#执行会话
result_a =sess.run([a, b])
#输出结果
print(result_a[0])
print(result_a[1])
```

6. 变量

变量是 TensorFlow 中的一个核心概念. TensorFlow 中的变量在使用前需要初始化，这些变量在模型训练中或者训练完成后可以被保存，当模型训练时变量会被保存在内存中. 所有张量一旦有变量的指向就不会在会话中丢失. 变量必须有明确的初始化. 后文将讲解如何创建变量、初始化变量、保存变量、恢复变量和共享变量等.

常量可以被赋值给变量，常量保存在图中. 如果图重复载入，那么常量也会重复载入，这样很浪费资源. 所以如果不是必要，尽量少使用常量保存大量的数据. 变量在每个会话中是单独保存的，甚至可以单独存在一个参数服务器上. 变量声明的语法如下：

```
tf.Variable(initial_value = None, trainable = True, collections = None,
validate_shape = True, caching_device = None, name = None, variable_def = None,
dtype = None, expected_shape = None, import_scope= None, constraint = None)
```

部分参数说明如下.

- initial_value：一个张量或者可以转化为张量的 Python 对象类型．为这个变量赋初始值时，这个初始值必须有指定的信息，不然 validate_shape 需要赋值为 False.
- trainable：说明这个变量的值是否可以被优化器自动修改．简而言之，就是这个变量是否可以在训练过程中自动被优化．默认值为 True.
- collections：图中的 collection 键列表，新的变量被添加到这些 collection 中.
- validate_shape：可选，如果值是 False，表示变量可以被一个形状未知的值初始化．默认值是 True.
- caching_device：可选，用来表示用哪个设备来读取缓存.
- name：可选，变量的标识符、名称.
- dtype：可选，如果设置，初始化的值就会按照这种类型来定.

下面举例说明如何创建变量：

```
import TensorFlow as tf
weights = tf.variable(tf.random_normal([784, 200], stddev = 0.35), name =
"weights")
biases = tf.variable(tf.zeros([200]), name = "biases")
```

可以直接调用 global_variables_initializer()来初始化所有变量．如果仅仅想初始化部分变量，则可以调用 tf.variables_initializer().

```
init_op = tf.global_variables_initializer()
sess = tf.Session()
sess.run(init_op)
```

Tensorflow 提供 tf.train.Saver 类来保存模型．模型由 model.data、model.index、model.meta 这 3 个文件构成．定义 saver 模型变量，调用 Saver 类的 save 函数保存模型变量，示例代码如下.

```
saver = tf.train.Saver()
saver.save(sess, './tmp/model/', global_step = 100)
```

调用 Saver 类的 restore 函数恢复模型变量，示例代码如下.

```
#先加载 Meta Graph 并恢复权重变量
saver = tf.train.import_meta_graph('./tmp/model/-100.meta')
saver.restore(sess,tf.train.latest_checkpoint('./tmp/model/'))
```

查看恢复后的变量，示例代码如下.

```
print(sess.run('biases: 0'))
```

在复杂的深度学习模型中，存在大量的变量，需要一次性初始化这些变量．TensorFlow 提供了以下两个函数来实现共享变量.

- tf.variable_scope()用来创建并返回指定名称的命名空间.
- tf.get_variable()用来创建并返回指定名称的模型变量.

下面用一个例子来说明.

```
#定义卷积层的运算规则，其中 weights 和 biases 为共享变量
def conv_relu(input, kernel_shape, bias_shape):
```

```
    #创建变量 weights
    weights = tf.get_variable("weights", kernel_shape, initializer = tf.
random_normal_initializer())
    #创建变量 biases
    biases = tf.get_variable("biases", bias_shape,initializer = tf.constant_
initializer(0))
    conv = tf.nn.conv2d(input, weights, strides = [1, 1, 1, 1], padding =
'SAME')
    return tf.nn.relu(conv + biases)

#定义卷积层，conv1 和 conv2 为变量命名空间
with tf.variable_scope("conv1"):
    #创建变量"conv1/weights"、"conv1/biases"
    relu1 = conv_relu(imput_images, [5, 5, 32, 32], [32])
with tf.variable_scope("conv2"):
    #创建变量"conv2/weights"、"conv2/biases"
    relu1 = conv_relu(relu1, [5, 5, 32, 32], [32])
```

现在知道了两种创建变量的方式，下面讲一下 tf.variable()和 tf.get_variable 的区别.

（1）这两个函数的语法格式不一样，即参数不一样.

（2）当检测到命名冲突时，tf.variable()函数会自己处理，使用自动别名机制创建不同的变量.

（3）使用 tf.get_variable()创建变量时，会进行检查，当设置为共享变量时，如果检查到第二个拥有相同名字的变量，就返回已经创建的相同变量；当未设置为共享变量时，在这种情况下就会报错.

7. 占位符

占位符可以看成先占一个位置，等待后续训练数据的输入，此时不知道具体训练的数据是什么，但是需要先知道数据的类型和形状等信息，后续再用输入的方式把这些数据填进去，然后返回一个张量. 在会话运行阶段，需要利用 feed_dict 给占位符变量填数据. 其语法格式如下.

```
tf.placeholder(dtype, shape = None, name= None)
```

参数说明如下.

- dtype：将要被输入的类型.
- shape：可选，将要被输入的张量的形状，如果不指定，可以输入进任何类型的张量.
- name：可选，名字.

举例说明如下.

```
x = tf.placeholder(tf.float32, shape = (3,4))
y = tf.reshape(x, [4,3])
```

```
z = tf.matmul(x, y)
print(z)
with tf.Session() as sess:
    rand_array_x = np.random.rand(3, 4)
    rand_array_y = np.random.rand(4, 3)
    print(sess.run(z, feed_dict = {x: rand_array_x, y: rand_array_y}))
```

8. 可视化数据流图

由于通过代码查看网络结构相对来说比较复杂且不容易找出网络结构的问题所在，因此TensorFlow有一个专门可视化查看网络结构的工具tensorboard. 下面用一个简单的例子来说明如何使用tensorboard来查看网络的结构，即可视化网络结构.

```
import TensorFlow as tf
a = tf.constant(2, name = "imput_a")
b = tf.constant(4, name = "imput_b")
c = tf.multiply(a, b, name = "mul_c")
d = tf.add(a, b, name = "add_d")
e = tf.add(c, d, name = "add_e")
sess = tf.Session()
output = sess.run(e)
print(output)
writer = tf.summary.FileWriter('home/feigu/tmp', sess.graph)
writer.close()
sess.close()
```

还需要在客户端启动TensorboardServer来查看数据流图.

启动命令：tensorboard --logdir ="/home/feigu/tmp".

再打开浏览器，在浏览器地址栏输入 http://localhost:6006，就能看到可视化的数据流图.

3.1.4 案例应用

为了更加深入地了解TensorFlow的使用方法，下面用一个案例来进行说明，以便读者能上手使用. 当开始接触一门编程语言时，第一个案例一般是输出“hello world”TensorFlow的入门案例则是利用MNIST实现手写数字的检测. 另外，本小节内容还涉及介绍了小部分卷积神经网络原理及方法，更详细的卷积神经网络原理和应用将在第 5 章具体阐述.

MNIST是一个计算机视觉数据集，它包含各种手写数字图片，如图3-3所示.

MNIST也包含每个手写数字图片的标签，用来识别这个图片上的数字. 图3-3所示的第一排几个数字的标签分别是5、0、4、1、9. 在下面的例子中将用TensorFlow训练一个机器学习的模型来预测图片里的数字. 这个例子的模型较为简单，目的是介绍如何使用TensorFlow.

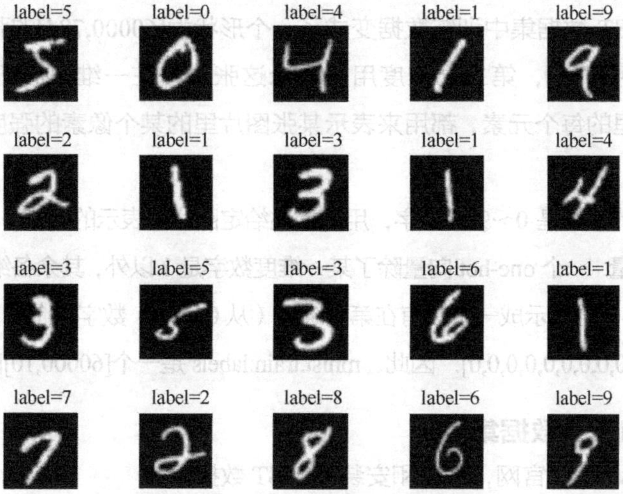

图 3-3　MNIST 包含的部分数字图片

下面先简单介绍一下 MNIST 数据集.

MNIST 数据集可以被分成两个部分：60 000 个字体的训练集（mnist.train）和 10 000 个字体的测试集（mnist.test）. 数据被划分成两个数据集是很有必要的，在机器学习的模型训练时必须要有一个单独的测试集来评估这个模型的性能，从而可以让这个模型在其他数据集上也有比较好的表现，即提高它的泛化能力.

每个数据集又可以分成两个部分：一张图 3-3 所示的手写数字的图片和一个对应的标签. 训练集和测试集都包含图片和标签，如训练集的图片是 mnist.train.images，训练集的标签是 mnist.train.labels. 每张图片包含 28 像素×28 像素的点，所以可以用一个数组来表示这张图片，如图 3-4 所示.

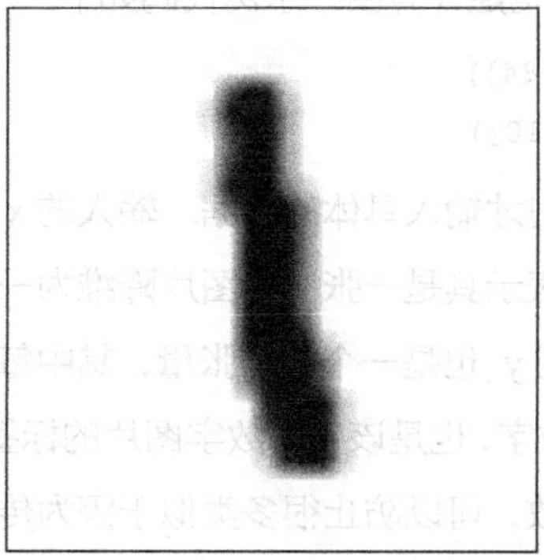

$$\approx \begin{bmatrix} 0&0&0&0&0&0&0&0&0&0&0&0&0&0\\ 0&0&0&0&0&0&0&0&0&0&0&0&0&0\\ 0&0&0&0&0&0&.6&.8&0&0&0&0&0&0\\ 0&0&0&0&0&0&.7&1&0&0&0&0&0&0\\ 0&0&0&0&0&0&.7&1&0&0&0&0&0&0\\ 0&0&0&0&0&0&.5&1&.4&0&0&0&0&0\\ 0&0&0&0&0&0&0&1&.4&0&0&0&0&0\\ 0&0&0&0&0&0&0&1&.4&0&0&0&0&0\\ 0&0&0&0&0&0&0&1&.7&0&0&0&0&0\\ 0&0&0&0&0&0&0&1&1&0&0&0&0&0\\ 0&0&0&0&0&0&0&.9&1&.1&0&0&0&0\\ 0&0&0&0&0&0&0&.3&1&.1&0&0&0&0\\ 0&0&0&0&0&0&0&0&0&0&0&0&0&0\\ 0&0&0&0&0&0&0&0&0&0&0&0&0&0 \end{bmatrix}$$

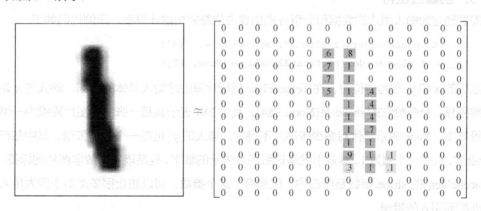

图 3-4　MNIST 数字图片的像素点表示与数组表示

一般把这个数组放在一个一维空间中，即把它展开成一个向量，这个向量的长度是 28×28=784，展开时需要明确的是所有图片的展开方式要相同. 所以换个角度思考，MNIST 数据集的每张图片就变成 784 像素空间上的一些点. 虽然把数据从二维空间降到一维空间会失去一些结构信息，但是在这个例子中可以忽视这些结构信息.

因此，在 MNIST 数据集中训练数据变成了一个形状为[60000,784]的张量. 第一个维度用来表示这是第几张图片，第二个维度用来表示这张图片在一维空间所表示的像素点信息. 即在这个张量里的每个元素，都用来表示某张图片里的某个像素的强度值，值介于 0 和 1 之间.

MNIST 数据集的标签是 0~9 的数字，用来描述给定图片里表示的数字. 在这个例子中的标签数据是 one-hot 向量. 一个 one-hot 向量除了某一维度数字是 1 以外，其余各维度数字都是 0. 所以在此案例中，数字 *n* 将表示成一个只有在第 *n* 维度（从 0 开始）数字为 1 的 10 维向量. 例如，标签 0 将表示成[1,0,0,0,0,0,0,0,0,0,0]. 因此，mnist.train.labels 是一个[60000,10]的数字矩阵.

1. 安装 MNIST 数据集

我们可以访问 MNIST 官网，下载和安装 MNIST 数据集.

2. 加载 MNIST 数据集

在创建模型之前，需要先加载 MNIST 数据集，然后启动一个 TensorFlow 的会话. 示例代码如下.

```
import TensorFlow as tf
from TensorFlow.examples.tutorials.mnist import input_data
mnist = input_data.read_data_sets('MNIST_data', one_hot=True)
```

运行以上代码后会自动创建一个名称为 MNIST_data 的目录来存储数据. mnist 是一个轻量级的类，以 NnumPy 数组的形式存储用于训练、校验和测试的数据集，同时提供了一个函数，用于在迭代中获得 minibatch（这个后面将会用到）.

3. 创建占位符

需要通过为输入图片的数据和类型分别创建占位符来构建计算图. 示例代码如下.

```
x = tf.placeholder(tf.float32, shape=[None, 784])
y_ = tf.placeholder(tf.float32, shape=[None, 10])
```

这里的 x 和 y_都是占位符，在 TensorFlow 运行计算时才输入具体的数据. 输入的 x 是一个二维张量，分配给它的 shape 是[None, 784]，其中 784 表示其是一张二维图片降维为一维图片的维度图，None 表示具体有多少张图片不确定. 输入的 y_也是一个二维张量，其中每行是 10 个维度，只有一个值为 1，其索引就是这张图片表示的数字，也是该手写数字图片的标签. 虽然 placeholder()的 shape 参数是可选的，但是有了这个参数，可以防止很多类似于因为传入数据不匹配而引入的错误.

4. 定义变量

接下来为模型定义权重 W 和偏置 b. 示例代码如下.

```
W = tf.variable(tf.zeros([784,10]))
b = tf.variable(tf.zeros([10]))
```

需要在调用 tf.variable()时传入初始值. 在这个例子里把 W 和 b 都初始化为零向量. W 是

一个 784×10 的矩阵（因为有 784 个特征和 10 个输出值），b 是一个 10 维的向量（因为有 10 个分类）. 变量需要通过初始化才能在会话中使用. 示例代码如下.

```
sess.run(tf.initialize_all_variables())
```

现在可以开始编写实现回归模型的代码了. 模型很简单，把向量化后的图片与权重 W 相乘再加上偏置 b. 然后计算每个分类的 softmax 值. 示例代码如下.

```
y = tf.nn.softmax(tf.matmul(x,W) + b)
```

然后为训练过程指定最小化误差的损失函数. 在这里损失函数是目标类别和预测类别之间的交叉熵. 示例代码如下.

```
cross_entropy = -tf.reduce_sum(y_*tf.log(y))
```

5. 训练模型

上面已经定义好了模型和训练用的损失函数，接下来就可以开始训练模型了. 由于 TensorFlow 是事先构建好模型再开始训练，因此它可以根据链式法则自动微分找到各个变量对应的损失的梯度值，从而一步一步修改变量使损失函数达到目标. 在这个例子中用梯度下降算法让交叉熵下降，步长为 0.01. 示例代码如下.

```
train_step=tf.train.GradientDescentOptimizer(0.01).minimize(cross_entropy)
```

以上代码实际上用来向计算图添加一个新的操作，用来计算梯度，计算每个参数的步长变化和更新参数. 返回的 train_step 在运行时会使用梯度下降算法来更新参数，所以整个模型的训练过程可以通过反复地运行 train_step 来实现. 示例代码如下.

```
for i in range(1000):
batch = mnist.train.next_batch(50)
train_step.run(feed_dict={x: batch[0], y_: batch[1]})
```

每次迭代都会加载 50 个样本，然后执行一次 train_step，并且通过 feed_dict 来为 x 和 y_ 输入训练数据（需要注意的是，在计算图中可以用 feed_dict 来替代任意张量，并不仅限于占位符）.

6. 评估模型

模型训练好之后，还需要对模型进行评估，来判断这个模型的优劣（在这个例子中为是否能正确识别输入的手写数字图片）. 首先需要得到正确的标签，可以使用 tf.argmax()函数. 它可以给出某个张量的对象在某个维度的最大值的索引. 由于标签是由 0、1 组成的，因此最大值为 1，其索引就是类别标签. 如 tf.argmax(y, 1)返回的是模型对于任一输入 x 预测到的标签，而 tf.argmax(y_,1)代表的是正确的标签，可以用 tf.equal()来检测模型预测的标签是否与正确的标签匹配. 示例代码如下.

```
correct_prediction = tf.equal(tf.argmax(y,1), tf.argmax(y_,1))
```

这里返回一个布尔数组. 为了计算分类的准确率，将布尔值转换为浮点数来代表对错，然后取平均值. 例如，将[True, False, True, True]转换为[1,0,1,1]，计算出平均值为 0.75. 示例代码如下.

```
accuracy = tf.reduce_mean(tf.cast(correct_prediction, "float"))
print accuracy.eval(feed_dict={x: mnist.test.images, y_: mnist.test.labels})
```

最后在测试集上得到的准确率在90%以上.

7. 权重初始化

为了创建这个模型,需要创建大量的权重和偏置. 如果像上文那样创建就会显得比较麻烦,所以通过定义两个函数来初始化. 由于我们使用的是修正线性单元(Rectifide Linear Unit, ReLU)神经元,因此比较好的做法是用一个较小的正数来初始化偏置项,以避免神经元节点输出恒为0的问题. 示例代码如下.

```
def weight_variable(shape):
initial = tf.truncated_normal(shape, stddev=0.1)
return tf.variable(initial)

def bias_variable(shape):
initial = tf.constant(0.1, shape=shape)
return tf.variable(initial)
```

8. 卷积和池化

TensorFlow 在卷积和池化(Pooling)上的处理十分灵活,例如,可以自己设置怎么处理边界,步长应该设多大. 可以使用卷积步长(Stride Size)为1、边距(Padding Size)为0的模板,保证输出和输入大小相同. 池化用简单、传统的 2×2 大小的模板做最大池化(Max Pooling). 为了使代码更简洁,可以把这部分抽象成一个函数. 在卷积网络的处理中,这种方式会经常用到. 示例代码如下.

```
def conv2d(x, W):
    return tf.nn.conv2d(x, W, strides=[1, 1, 1, 1], padding='SAME')
def max_pool_2x2(x):
    return tf.nn.max_pool(x, ksize=[1, 2, 2, 1], strides=[1, 2, 2, 1],
padding='SAME')
```

9. 第一层卷积

前面是做准备工作,现在才开始真正搭建神经网络. 先实现第一层,它由一个卷积接一个最大池化构成. 卷积在每个 5×5 的区域中算出 32 个特征. 卷积的权重张量形状是[5, 5, 1, 32],前两个维度是 patch 的大小,接着是输入的通道数,最后是输出的通道数. 对于每个输出通道都有一个对应的偏置. 示例代码如下.

```
W_conv1 = weight_variable([5, 5, 1, 32])
b_conv1 = bias_variable([32])
```

为了用这一层,把 x 变成一个四维向量,其第 2 维、第 3 维对应图片的宽、高,最后一维代表图片的颜色通道数(因为是灰度图,所以这里的通道数为 1. 如果是 RGB 彩色图,则为 3). 示例代码如下.

```
x_image = tf.reshape(x, [-1, 28, 28, 1])
```

然后把 x_image 和权重向量进行卷积并加上偏置，接着应用 ReLU 激活函数，最后进行最大池化．示例代码如下．

```
h_conv1 = tf.nn.relu(conv2d(x_image, W_conv1) + b_conv1)
h_pool1 = max_pool_2x2(h_conv1)
```

10．第二层卷积

为了构建一个更深的网络，把几个类似的层堆叠起来．在第二层中，每个 5×5 的区域会得到 64 个特征．具体操作与第一层类似．示例代码如下．

```
W_conv2 = weight_variable([5, 5, 32, 64])
b_conv2 = bias_variable([64])

h_conv2 = tf.nn.relu(conv2d(h_pool1, W_conv2) + b_conv2)
h_pool2 = max_pool_2x2(h_conv2)
```

11．密集层连接

经过前面的计算，现在的图片大小变成了 7 像素×7 像素．在这里加入一个有 1024 个神经元的全连接层，用于处理整个图片．我们把第二层的池化后的输出通过 reshape()转换成向量，再乘权重并加上偏置，然后使用激活函数进行处理．示例代码如下．

```
W_fc1 = weight_variable([7*7*64, 1024])
b_fc1 = bias_variable([1024])
h_pool2_flat = tf.reshape(h_pool2, [-1, 7*7*64])
h_fc1 = tf.nn.relu(tf.matmul(h_pool2_flat, W_fc1) + b_fc1)
```

为了减少过拟合，还应该在输出层之前加入 dropout()函数避免过拟合，用一个占位符来表示一个神经元的输出在 dropout()中保持不变的概率．这样可以在训练过程中启用 dropout()，在测试过程中关闭 dropout()．示例代码如下．

```
keep_prob = tf.placeholder(tf.float32)
h_fc1_drop = tf.nn.dropout(h_fc1, keep_prob=keep_prob)
```

12．输出层

最后，添加一个 softmax 层．示例代码如下．

```
W_fc2 = weight_variable([1024, 10])
b_fc2 = bias_variable([10])
y_conv = tf.matmul(h_fc1_drop, W_fc2) + b_fc2
```

13．训练和评估模型

如上文一样，接下来需要定义损失函数及训练模型．在这里目标函数用到了交叉熵，梯度下降算法用到了 Adam 优化．示例代码如下．

```
cross_entropy = tf.reduce_mean(tf.nn.softmax_cross_entropy_with_logits
(labels=y_, logits=y_ conv))
train_step = tf.train.AdamOptimizer(1e-4).minimize(cross_entropy)
```

```
correct_prediction = tf.equal(tf.argmax(y_conv, 1), tf.argmax(y_, 1))
accuracy = tf.reduce_mean(tf.cast(correct_prediction, tf.float32))
```

14．开始训练模型

在 feed_dict 中加入额外的参数 keep_prob 来控制 dropout()．总共训练 20 000 次，每训练 100 次输出一次．示例代码如下．

```
with tf.Session() as sess:
    sess.run(tf.global_variables_initializer())
  for i in range(20000):
      batch  = mnist.train.next_batch(50)
      if i % 100 == 0:
      train_accuracy = accuracy.eval(feed_dict= {x: batch[0], y_: batch[1], 
keep_prob: 1.0})
      print('step %d, training accuracy %g' % (i, train_accuracy))
      train_step.run(feed_dict={x: batch[0], y_: batch[1], keep_prob: 0.5})
      loss = sess.run(cross_entropy,feed_dict = {x: batch[0], y_: batch[1], 
keep_prob: 0.5})
      print('step %d , training loss %g' %(i, loss))
      print('test accuracy %g' % accuracy.eval(feed_dict={x: mnist.test.
images, y_: mnist.test. labels, keep_prob: 1.0}))
      writer = tf.summary.FileWriter('home/feigu/tmp',sess.graph)
      writer.close()
```

完整的代码如下，可直接运行．

```
#coding: utf-8
import TensorFlow as tf
from TensorFlow.examples.tutorials.mnist import input_data

#下载 MNIST 数据集
mnist = input_data.read_data_sets('MNIST_data', one_hot=True)

x = tf.placeholder(tf.float32, shape=[None, 784])
y_ = tf.placeholder(tf.float32, shape=[None, 10])

def weight_variable(shape):
    initial = tf.truncated_normal(shape, stddev=0.1)
    return tf.Variable(initial)

def bias_variable(shape):
    initial = tf.constant(0.1, shape=shape)
    return tf.Variable(initial)
def conv2d(x, W):
    return tf.nn.conv2d(x, W, strides=[1, 1, 1, 1], padding='SAME')
```

```
def max_pool_2x2(x):
    return tf.nn.max_pool(x, ksize=[1, 2, 2, 1], strides=[1, 2, 2, 1],
padding='SAME')

W_conv1 = weight_variable([5, 5, 1, 32])
b_conv1 = bias_variable([32])

#为了用这一层，我们把x变成一个四维向量，其第2维、第3维对应图片的宽、高，最后一维代表
图片的颜色通道数(因为是灰度图，所以这里的通道数为1. 如果是RGB彩色图，则为3)
x_image = tf.reshape(x, [-1, 28, 28, 1])

h_conv1 = tf.nn.relu(conv2d(x_image, W_conv1) + b_conv1)

h_pool1 = max_pool_2x2(h_conv1)
W_conv2 = weight_variable([5, 5, 32, 64])

b_conv2 = bias_variable([64])

h_conv2 = tf.nn.relu(conv2d(h_pool1, W_conv2) + b_conv2)
h_pool2 = max_pool_2x2(h_conv2)

W_fc1 = weight_variable([7*7*64, 1024])
b_fc1 = bias_variable([1024])

h_pool2_flat = tf.reshape(h_pool2, [-1, 7*7*64])
h_fc1 = tf.nn.relu(tf.matmul(h_pool2_flat, W_fc1) + b_fc1)

keep_prob = tf.placeholder(tf.float32)
h_fc1_drop = tf.nn.dropout(h_fc1, keep_prob=keep_prob)

W_fc2 = weight_variable([1024, 10])
b_fc2 = bias_variable([10])

y_conv = tf.matmul(h_fc1_drop, W_fc2) + b_fc2

cross_entropy = tf.reduce_mean(tf.nn.softmax_cross_entropy_with_logits
(labels=y_, logits=y_conv))

train_step = tf.train.AdamOptimizer(1e-4).minimize(cross_entropy)

correct_prediction = tf.equal(tf.argmax(y_conv, 1), tf.argmax(y_, 1))
accuracy = tf.reduce_mean(tf.cast(correct_prediction, tf.float32))
```

```
with tf.Session() as sess:
    sess.run(tf.global_variables_initializer())

    for i in range(20000):
        batch  = mnist.train.next_batch(50)
        if i % 100 == 0:
        train_accuracy = accuracy.eval(feed_dict= {x: batch[0], y_: batch[1],
keep_prob: 1.0})
        print('step %d, training accuracy %g' % (i, train_accuracy))

    train_step.run(feed_dict={x: batch[0], y_: batch[1], keep_prob: 0.5})
    loss = sess.run(cross_entropy,feed_dict = {x: batch[0], y_: batch[1],
keep_prob: 0.5})
    print('step %d , training loss %g' %(i, loss))

    print('test accuracy %g' % accuracy.eval(feed_dict={    x: mnist.test.
images, y_: mnist.test.labels, keep_prob: 1.0}))

    writer = tf.summary.FileWriter('home/feigu/tmp',sess.graph)
    writer.close()
```

3.2 其他框架

除了 TensorFlow 之外，还有很多优秀的框架，例如 Keras、Caffe、PyTorch、Theano、Neno 等，接下来就对其中几个框架进行介绍.

3.2.1 Keras

Keras 是一个崇尚极简、高度模块化的神经网络框架，使用 Python 实现，可以同时运行在 TensorFlow 和 Theano 上，目的是让用户进行快速的原型实验，让想法变为结果的这个过程的时间尽可能短. TensorFlow 的计算图支持更通用的计算，而 Keras 则专注于深度学习. TensorFlow 更像是深度学习领域的 NumPy，而 Keras 更像是深度学习领域的 scikit-learn. Keras 提供了非常方便的 API，用户只需要将高级的模块拼在一起，就可以设计神经网络，它大大降低了编程开销和阅读别人代码时的理解开销.

Keras 的优点主要包括以下几点.

- 简易和快速的原型设计（Keras 具有高度模块化、极简和可扩充特性）.
- 支持 CNN 和 RNN，或二者的结合.
- CPU 和 GPU 无缝切换.

Keras 同时支持 CNN 和 RNN，支持级联的模型或任意的图结构的模型，计算从 CPU 上切换到 GPU 上无须任何代码的改动，因为底层使用 Theano 或 TensorFlow，用 Keras 训练模型相比于前两者基本没有什么性能损耗（还可以享受前两者持续开发带来的性能提升），降低了编程的复杂度. 总的来说，模型越复杂，使用 Keras 带来的收益就越大，尤其是在高度依赖权值共享、多模型组合、多任务学习等的模型上. Keras 所有的模块都是简洁、易懂、完全可配置、可随意插拔的，并且基本上没有任何使用限制，神经网络、损失函数、优化器、初始化方法、激活函数和正则化方法等模块都是可以自由组合的. 同时，新的模块也很容易添加，这让 Keras 非常适合前沿的研究. Keras 中的模型也都是在 Python 中定义的，这样就可以通过编程的方式调试模型结构和各种超参数. Keras 最大的问题可能是目前无法直接使用多 GPU，所以对大规模的数据处理速度没有其他支持多 GPU 和分布式的框架快.

Keras 的设计原则如下.

- 用户友好：用户的使用体验始终是 Keras 考虑的首要和中心内容，遵循减少认知困难的最佳实践. Keras 提供一致而简洁的 API，能够极大减少一般应用下用户的工作量. 同时，Keras 提供清晰和具有实践意义的 bug 反馈.
- 模块性：模型可理解为一个层的序列或数据的运算图，完全可配置的模块可以用最少的代价自由组合在一起. 具体而言，神经网络、损失函数、优化器、初始化方法、激活函数、正则化方法都是独立的模块，开发人员可以使用它们来构建自己的模型.
- 易扩展性：添加新模块非常容易，只需要仿照现有的模块编写新的类或函数. 创建新模块的便利性使得 Keras 非常适合前沿的研究.
- 与 Python 协作：Keras 没有单独的模型配置文件类型（作为对比，Caffe 有），模型由 Python 代码描述，使其更紧凑和更易调式，并提供了扩展的便利性.

因为后文会用到 Keras，所以下面对 Keras 做一些补充.

1. 为什么要使用 Keras?

Keras 是一个 Python 深度学习库. 对初学者而言，它很简约，模块化的方法使建立并运行神经网络变得轻松，也能够以 TensorFlow、CNTK 或者 Theano 作为后端运行. Keras 主要用于快速的实验，能够以最小的时延把你的想法转换为实验结果.

2. 快速上手

Keras 的核心数据结构是 model，一种组织网络层的方式. 最简单的模型是 Sequential 顺序模型，它由多个网络层线性堆叠而成.

Sequential 顺序模型的示例代码如下.

```
from Keras.models import Sequential
model = Sequential()
```

可以简单地使用 model .add()来堆叠模型. 示例代码如下.

```
from Keras.layers import Dense
model.add(Dense(units=64, activation='relu', input_dim=100))
model.add(Dense(units=10, activation='softmax'))
```

在完成了模型的构建后，可以使用 model.compile() 来配置学习过程．示例代码如下．

```
model.compile(loss='categorical_crossentropy',
              optimizer='sgd',
              metrics=['accuracy'])
```

如果需要，还可以进一步配置优化器．Keras 的核心原则是使事情变得相当简单，同时又允许用户在需要的时候能够进行完全的控制．示例代码如下．

```
model.compile(loss=Keras.losses.categorical_crossentropy,
             optimizer=Keras.optimizers.SGD(lr=0.01, momentum=0.9,
             nesterov=True))
```

现在，就可以批量地在训练数据上进行迭代了．示例代码如下．

```
# x_train 和 y_train 是 NumPy 数组
model.fit(x_train, y_train, epochs=5, batch_size=32)
```

只需一行代码就能评估模型性能．示例代码如下．

```
loss_and_metrics = model.evaluate(x_test, y_test, batch_size=128)
```

接下来对新的数据进行预测．示例代码如下．

```
classes = model.predict(x_test, batch_size=128)
```

更多关于 Keras 的使用方法，有兴趣的读者可以在 Keras 官网查看相关文档．

3.2.2 Caffe

Caffe（Convolutional architecture for fast feature embedding）是一个广泛使用、清晰、高效的深度学习框架，核心语言是 C++，支持命令行、Python 和 MATLAB 接口，既可以在 CPU 上运行，也可以在 GPU 上运行．Caffe 可能是自 2013 年年底以来第一个主流的工业级深度学习框架．正因为 Caffe 具有优秀的卷积模型，它已经成为计算机视觉界最流行的工具包之一，并在 2014 年的 ImageNet 挑战赛中一举夺魁．

Caffe 的主要优势包括如下几点．

- 容易上手，网络结构都是以配置文件形式定义的，不需要用代码设计网络．
- 训练速度快，能够训练 state-of-the-art 的模型与大规模的数据．
- 组件模块化，可以方便地拓展到新的模型和学习任务上．

Caffe 的核心概念是层（Layer），每个神经网络模块都是一个 Layer．Layer 接收输入数据，同时经过内部计算产生输出数据．设计网络结构时，只需要把各个 Layer 拼接在一起即可构成完整的网络．例如，卷积的 Layer，它的输入就是图片的全部像素点，内部进行的操作是各种像素值与 Layer 参数的卷积操作，最后输出的是所有卷积核计算的结果．每个 Layer 需要定义两种运算，一种是正向的运算，即从输入数据计算输出结果，也就是模型的预测过程；另一种是反向的运算，从输出端的梯度求解相对于输入端的梯度，即反向传播算法，这部分也就是模型的训练过程．

实现新 Layer 时，需要将正向和反向两种运算过程的函数都实现，这部分运算需要开发人员自己写 C++或者 CUDA（当需要在 GPU 上运行时）代码，对普通用户来说还是非常难上手的. 正如它的名字 Convolutional architecture for fast feature embedding 所描述的，Caffe 最开始设计时的目标只针对图像，没有考虑文本、语音或者时间序列的数据，因此 Caffe 对 CNN 的支持非常好，但对时间序列 RNN、LSTM 等支持得不是特别充分. 同时，基于 Layer 的模式也对 RNN 不是非常友好，定义 RNN 结构时比较麻烦. 在模型结构非常复杂时，可能需要写非常冗长的配置文件才能设计好网络，而且阅读时也比较费力.

Caffe 的一大优势是其拥有大量的训练好的经典模型（AlexNet、VGG、Inception）乃至其他 state-of-the-art（ResNet 等）的模型，收藏在它的 Model Zoo 里. 因为知名度较高，Caffe 被广泛地应用于工业界和学术界的前沿研究，许多提供源代码的深度学习论文都是使用 Caffe 来实现其模型的. 在计算机视觉领域，Caffe 应用尤其多，可以用来做人脸识别、图片分类、位置检测、目标追踪等. 虽然 Caffe 主要是面向学术圈和研究者的，但它的程序运行非常稳定，代码质量比较高，所以它也很适合对稳定性要求严格的生产环境，可以算是第一个主流的工业级深度学习框架. 因为 Caffe 基于 C++，因此可在多种设备上编译.

理论上，使用 Caffe 的用户可以完全不写代码，只需定义网络结构就可以完成模型训练. Caffe 完成训练之后，用户可以把模型文件打包制作成简单、易用的接口，例如可以封装成 Python 或 MATLAB 的 API. 但用这种方式设计网络结构可能会比较受限，显得比较烦琐，不像 TensorFlow 或者 Keras 在 Python 中设计网络结构那么方便、自由，而且 Caffe 的配置文件不能用编程的方式调整超参数.

Caffe 凭借其易用性、简洁明了的源代码、出众的性能和快速的原型设计曾受到众多用户青睐. 但是在深度学习新时代到来之时，Caffe 已经表现出明显的力不从心，诸多问题逐渐显现（包括灵活性缺失、扩展难、依赖众多环境难以配置、应用局限等）. 尽管现在在 GitHub 上还能找到许多基于 Caffe 的项目，但是新的项目已经越来越少.

3.2.3 PyTorch

PyTorch 是 Facebook 公司于 2017 年 1 月 18 日发布的 Python 端的开源深度学习框架，基于 Torch，支持动态计算图，具有很好的灵活性. PyTorch 的历史可追溯到 2002 年，诞生于美国纽约大学的 Torch. Torch 使用了一种不是很大众的语言 Lua 作为接口. 2017 年，Torch 的幕后团队推出了 PyTorch. PyTorch 不是简单地封装 Lua Torch 提供 Python 接口，而是对 Tensor 之上的所有模块进行了重构，并新增了先进的自动求导系统，成为当下最流行的动态图框架之一. PyTorch 提供了两种高层面的功能，首先使用强大的 GPU 加速的 Tensor 计算，其次构建基于 tape 的 autograd 系统的深度神经网络.

PyTorch 具有以下特点.

- 简洁：PyTorch 的设计追求最少的封装，尽量避免重复，不像 TensorFlow 中包含 session、graph、operation、name_scope、variable、tensor、layer 等全新的概念. PyTorch 的设计遵循 tensor→variable（autograd）→nn.Module 这 3 个由低到高的抽象层次，分别代表高维数组（张量）、自动求导（变量）和神经网络（层/模块），而且这 3

个抽象之间联系紧密，可以同时进行修改和操作．简洁的设计带来的另外一个好处就是代码易于理解．PyTorch 的源代码只有 TensorFlow 的十分之一左右，更少的抽象、更直观的设计使得 PyTorch 的源代码十分易于阅读．

- 速度快：PyTorch 的灵活性不以速度为代价，在许多评测中，PyTorch 的速度表现胜过 TensorFlow 和 Keras 等框架．框架的运行速度虽然和程序员的编码水平有极大的关系，但同样的算法，使用 PyTorch 实现的程序的运行速度更有可能快过用其他框架实现的程序的运行速度．
- 易用：PyTorch 是所有框架中面向对象设计得最“优雅”的一个．PyTorch 面向对象的接口设计源于 Torch，而 Torch 的接口设计以灵活、易用著称，Keras 开发者最初就是受 Torch 的启发才开发了 Keras．PyTorch 继承了 Torch 的“衣钵”，尤其是 API 的设计和模块的接口都与 Torch 高度一致. PyTorch 的设计符合人们的思维，它让我们尽可能地专注于实现自己的想法，即所思即所得，不需要考虑太多关于框架本身的束缚．

3.2.4 其他框架

除了前文介绍的几个框架之外，较为常见的框架还有 MXNet．MXNet 是一个深度学习框架，是 CXXNet 的下一代. CXXNet 借鉴了 Caffe 的思想，但是在实现上更“干净”. 尽管 MXNet 拥有很多接口，也获得了不少用户的支持，但其始终处于一种不温不火的状态．总的来说，MXNet 虽然文档略混乱，但分布式性能强大，语言支持多，适合在 AWS 云平台使用．

2015 年 8 月，Microsoft 公司在 CodePlex 上宣布由 Microsoft 研究院开发的计算网络工具集 CNTK 将开源．根据 Microsoft 开发者的描述，CNTK 的性能比 Caffe、Theano、TensorFlow 等主流工具都要强．CNTK 最初是出于在 Microsoft 内部使用的目的而开发的，一开始甚至没有 Python 接口，而是使用了一种几乎没什么人用的语言开发的，而且文档有些晦涩难懂，推广不是很好，导致现在用户比较少，社区不太活跃．

除了上述几个框架外，还有不少的框架都有一定的影响力和用户．例如百度开源的 PaddlePaddle，CMU 开发的 DyNet，简洁、无依赖、符合 C++11 标准的 tiny-dnn，使用 Java 开发并且文档极其优秀的 Deeplearning4j，以及 Intel 公司开源的 Nervana、Amazon 公司开源的 DSSTNE．这些框架各有优缺点，但是大多流行度和关注度不够，或者局限于一定的领域．此外，还有许多专门针对移动设备开发的框架，如 Core ML、MDL，这些框架纯粹为部署而诞生，不具有通用性，也不适合作为研究工具．

3.3 本章小结

本章主要介绍了 TensorFlow、Keras、Caffe、PyTorch 等深度学习框架，其中详细介绍了

TensorFlow 开源框架. 在本书中，部分项目是基于 TensorFlow 框架实现的，本章内容使读者快速地掌握 TensorFlow 的基本技术原理以及在编程实践中的运用.

3.4 习题

1. 使用 TenserFlow 完成简单的加、减、乘、除计算.
2. 使用 TensorFlow 实现[3,3]、$[2,2]^T$ 这两个矩阵的乘法运算.
3. 自己动手复现 MNIST 数据集的学习.
4. 使用 TensorFlow 结合 ReLU 函数、softplus 函数激活矩阵.

04 chapter

深度神经网络

在第 3 章中，介绍了深度学习框架. 从本章开始，将介绍深度学习中的主要算法，包括深度神经网络、卷积神经网络、循环神经网络、生成对抗网络（Generative Adversarial Network,GAN）等. 深度神经网络是最早被提出和使用的神经网络类型，也是目前应用最广泛、发展最迅速的人工神经网络之一，其在理论研究和实践应用方面都达到了较高的水平. 我们熟知的卷积神经网络、循环神经网络等都属于深度神经网络. 在深度神经网络中，各神经元从输入层开始，接收前一级输入，输出到下一级，直至输出层，并通过反向传播的方式进行参数的调整. 本章将详细介绍深度神经网络的基本概念，以及基本网络结构；深度神经网络中的前向传播算法和反向传播算法（Back Propagation，BP）；常用的优化算法和正则化方法. 通过对本章的学习，读者能够掌握采用深度神经网络编程解决实际问题的流程和方法.

4.1 深度神经网络概述

“神经网络是由具有适应性的简单单元组成的广泛并行互联的网络，它的组织能够模拟生物神经系统对真实世界物体做出交互反应”. 该定义在 1988 年，由科霍宁（Kohonen）在 *Neural Network* 创刊号上给出. 神经元是神经网络最基本的组成单元，神经网络由多层神经元组合而成. 在生物神经网络神经元结构中，细胞体接收其他神经元输出的脉冲信号作为该神经元的输入，细胞体整合并处理输入信号，将输入信号转变为“兴奋”或“抑制”信息输出，传递到其他神经元. 在神经元信息传递中，“兴奋”“抑制”是通过电位高低判断的，若输入信号使神经元电位超过阈值，神经元就会“兴奋”. 1943 年，麦卡洛克（McCulloch）和皮茨（Pitts）发表了《神经活动中内在思想的逻辑演算》（*ALogical Calculus of the Ideas Immanent in Nervous Activity*）. 这篇论文影响甚广，讨论了理想化和简化的人工神经网络以及其如何执行简单的逻辑功能，这促进了后来神经网络和深度学习的产生. 他们提出了经典的 M-P 神经元模型，如图 4-1 所示，该模型被广泛沿用至今. 图 4-1 中，x_n 表示来自第 n 个神经元的输入，W_n 表示第 n 个神经元的连接权重，b 表示偏置，输出 $y=f\left(\sum_{i=1}^{n} w_i x_i + b\right)$. 也就是 n 个数据 x 作为输入信号传入神经元，神经元通过不同的权重 w 对输入信号进行线性处理，接着通过激活函数 f 对信号进行非线性处理得到结果.

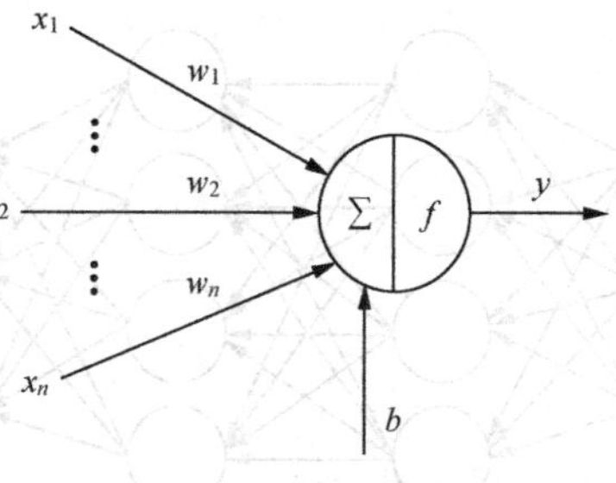

图 4-1　M-P 神经元模型

单个神经元组成的单层感知机对线性可分或近似线性可分数据有很好的效果，对线形不可分数据的效果不理想，从而限制了它的应用. 增强模型的分类和识别能力、解决非线性问题的唯一途径是采用多层网络，即在输入层和输出层之间加上隐藏层，构成多层感知机网络. 在多层感知机网络中，多个神经元并列组成神经网络层，多个层互连组成神经网络模型. 神经网络由输入层、隐藏层和输出层组成，通常来说，网络中含有一个输入层，一个输出层，但是隐藏层可以含有一个或多个.

增加隐藏层之后，计算量、计算复杂度随之增加，如何求最优解、如何缩小误差等问题也随之出现. 1986 年，鲁梅哈特（Rumelhart）等学者在《平行分布处理：认知的微观结构探索》一书中完整地提出了反向传播算法. 反向传播算法可分为信号的前向传播和误差的反向传播两个部分，前向传播负责逐层传输计算输出值，反向传播则根据输出值反向逐层调整网络的权重和偏置. 反向传播算法系统地解决了多层网络中隐藏单元连接权的学习问题. 事实上，保罗・韦伯斯（Paul Werboss）、杰弗里・辛顿（Geoffrey Hinton）、罗纳德・威廉姆斯（Ronald Williams）、戴维・帕克（David Parker）以及杨立昆（Yann Le Cun）之前分别独立地发现了这个算法，但都没有受到重视. 这个算法因被包括在《并行分布式处理：认知的微观结构探索》一书中而被得到普及，这与鲁梅哈特领导的 PDP 小组卓越的研究工作是分不开的. 反向传播算法的详细介绍见 4.4 节.

霍尔尼克（Hornik）在 1989 年证明，只需一个包含足够多神经元的隐藏层，多层神经网络（深度神经网络）就能以任意精度逼近任意复杂度的连续函数. 因此，当下很多深度学习任务是基于深度神经网络算法完成的.

4.2 网络结构设计

4.2.1 架构设计

多层感知机是简单的神经网络，是经典的深度学习模型，是以上一层的输出作为下一层的输入，网络中没有回路，即输入的特征信息总是向前传播，而不会反向反馈. 多层感知机的目标是近似某个函数 f^*. 假设有图 4-2 所示的简单神经网络.

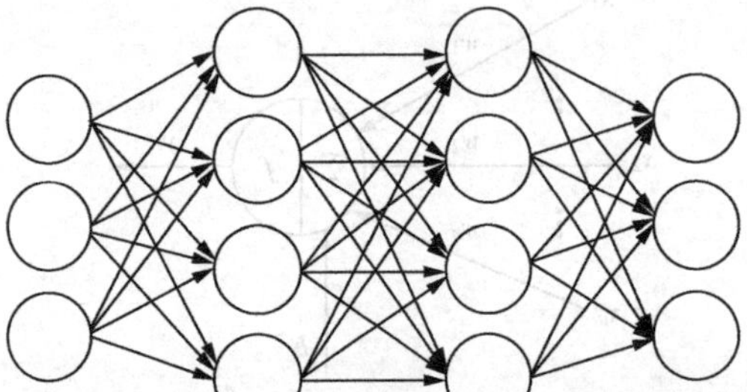

图 4-2 简单神经网络

图 4-2 所示的网络中，我们把最左边的层定义为“输入层”，中间的层定义为“隐藏层”，最右边的层定义为“输出层”. 每层中每个圆圈表示一个神经元，网络中的输入层通常是目标对象的特征值，输出层是目标对象的输出预测值. 例如，对于一幅 28 像素×28 像素的手写字体图像，需要判定该图像所示的是 0～9 中的哪一个数字，可以将整幅图像每个像素点的颜色值进行编码作为网络输入，这对于输入层需要 28×28=784 个神经元. 将图像所示的、相对应数字（0～9）的概率值作为输出层，输出层需包含 10 个神经元，输出的 10 个值中，最大的值表示输入图像为其对应数字的概率最大. 对于输入/输出层的设计，一般根据专业知识和可以获取得到的信息确定.

每个神经元接收多个输入. 神经网络接收到一个输入（单个矢量），并通过一系列隐藏层进行转换. 每个隐藏层由一组具有可学习的权重和偏置的神经元组成，其中每个神经元完全连接到前一层的所有神经元，对它们进行加权求和，将得到的值传递给一个激活函数并用一个输出做出响应. 单层中的神经元完全独立运行，不共享任何连接. 输出层在分类模型中表示类别分数（分数越高，表示对应类别概率越大），整个网络有一个损失函数，通过损失函数对权重和参数进行调优，最终得到合适的参数和网络模型.

4.2.2 隐藏层

与输入/输出层不同，隐藏层的设计并不由问题直接决定. 每个隐藏层由一组可学习的权重和偏置组成. 隐藏层的层数和各个隐藏层的节点数的设计堪称一门“艺术”，目前的研究结果还难以给出它们与问题类型及其规模之间的函数关系. 但是一般认为，隐藏层数的增加可以降低误差，提高模型的准确率，但同时会增加训练的难度，需要更多的计算资源和数据量（更多的数据集）. 与此同时，隐藏层数增加至一定程度后，会产生过拟合现象，即模型的泛化能力差，只能在训练集上取得较好的判定效果. 一般来说，设计神经网络时，应优先考虑有 1 个隐层的 3 层网络结构.

确定隐藏层节点数最基本的原则是：在满足精度要求的前提下采用尽可能紧凑的结构，即取尽可能少的隐藏层节点数. 研究表明，隐藏层节点数不仅与输入/输出层节点数有关，更与需解决的问题的复杂程度、转换函数的形式以及样本数据的特性等因素有关.

在确定隐藏层节点数时必须满足下列条件.

（1）隐藏层节点数必须小于 $N-1$（其中 N 为训练样本数），否则，网络模型的系统误差会因与训练样本的特性无关而趋于 0，即建立的网络模型没有泛化能力，也没有任何实用价值. 同理可推得：输入层节点数（变量数）必须小于 $N-1$.

（2）训练样本数必须多于网络模型的连接权数，一般为 2～10 倍，否则，样本必须分成几部分并采用“轮流训练”的方法才可能得到可靠的神经网络模型.

总之，若隐藏层节点数太少，网络可能根本不能训练或网络性能很差；若隐藏层节点数太多，虽然可使网络的系统误差减小，但一方面会使网络训练时间延长，另一方面，网络训练容易陷入局部极小点而得不到最优点，也就是训练时出现过拟合. 因此，合理的隐藏层节点数应在综合考虑网络结构复杂程度和误差大小的情况下，用节点删除法和扩张法确定. 隐藏层节点数有如下经验公式（其中 m 表示隐藏层节点数，n 表示输入层节点数，k 表示输出层节点数，a 表示 1～10 的常数）：

$$m = \mathrm{sqrt}(n+k)+\alpha ,$$

$$m = \log_2 n ,$$

$$m = \mathrm{sqrt}(nk) .$$

在具体实践中，一般根据经验公式，逐步试验确定隐藏层节点数. 先根据经验公式确定一个范围，设置一个较小的初始值作为隐藏层节点数，然后在这个值的基础上逐渐增加，比较每次网络的预测性能，最后选择性能最好的对应节点数作为隐藏层节点数.

4.2.3 XOR 的案例展示

异或（XOR）是一个运算符，它应用于逻辑运算．异或的数学符号为“⊕”，计算机符号为“XOR”．其运算法则为 $x_1 \oplus x_2 = (\neg x_1 \wedge x_2) \vee (x_1 \wedge \neg x_2)$，如果 x_1、x_2 两个值不相同，则异或结果为 1；如果 x_1、x_2 两个值相同，则异或结果为 0.

通过分析异或问题的输入和输出，可以确定输入层和输出层神经元的个数（输入层神经元个数为 2，输出层神经元个数为 1）．训练样本 $(x_1, x_2) \to y$ 有以下 4 个：

① $(0,0) \to 0$；

② $(0,1) \to 1$；

③ $(1,0) \to 1$；

④ $(1,1) \to 0$.

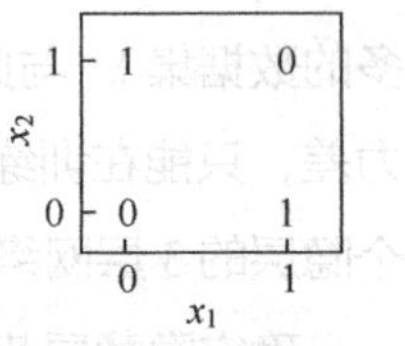

图 4-3　异或问题图示

相对于与、或等其他逻辑关系，异或是线性不可分的，如图 4-3 所示，不同的结果不能通过一条直线分开．由于异或问题是一种线性不可分问题，因此不能通过单层感知机处理，其计算需要用多层神经网络解决．根据隐藏层设计的经验值，将隐藏层的层数设置为 1，个数设置为 2，得到用于异或问题计算的网络结构如图 4-4 所示．其中 x_1、x_2 是输入层，中间的层就是隐藏层，连接网络节点的连接线对应不同的权重（其值称为权值）．每个节点的计算公式如式 4.1 所示，其中，a_j^l 是第 l 层第 j 个神经元的激活值，f 代表激活函数，w_{jk}^l 表示第 l−1 层的第 k 个神经元到第 l 层第 j 个神经元的权值，b_j^l 是第 l 层第 j 个神经元的偏置．图 4-4 中，y 表示网络的输出值.

$$a_j^l = f\left(\sum_k w_{jk}^l a_k^{l-1} + b_j^l\right) \tag{4.1}$$

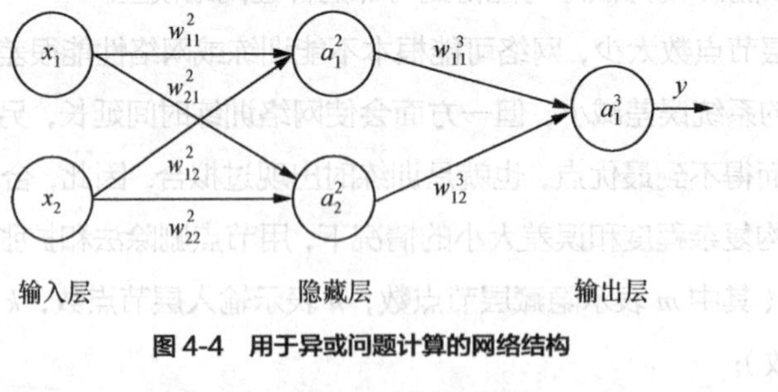

图 4-4　用于异或问题计算的网络结构

在了解如何训练得到模型参数等细节前，还需要知道前向传播与反向传播的知识.

4.3 前向传播算法

我们已经知道每个神经元都与其前、后层的每个神经元相互连接，那么输入向量是如何经过各隐藏层神经元的传递，得到输出向量的呢？

以 4.2 节给出的异或问题为例，假设两个输入值为（$x_1=0, x_2=1$），这些值输入神经网络，经过隐藏层的每个节点权重和偏置计算，信息逐渐从输入层传递到输出层. 这里我们在隐藏层使用 ReLU 函数作为激活函数，函数公式为 $f(x)=\max(0,x)$，函数图像如图 4-5（a）所示.

而在输出层我们为了使输出的值为 0 或者 1，使用阶跃函数，函数公式为 $f(x)=x>0?1:0$，函数图像如图 4-5（b）所示. 激活函数的引入是为了增加神经网络模型的非线性，没有激活函数每层就相当于参数相乘，每一层输出都是上一层的输入的线性函数，无论神经网络有多少层，输出都是输入的线性组合，整个网络的表示范围很局限. 而加入激活函数，给神经元引入非线性因素，神经网络可以任意逼近任何非线性函数，这样神经网络就可以应用到众多的非线性模型中.

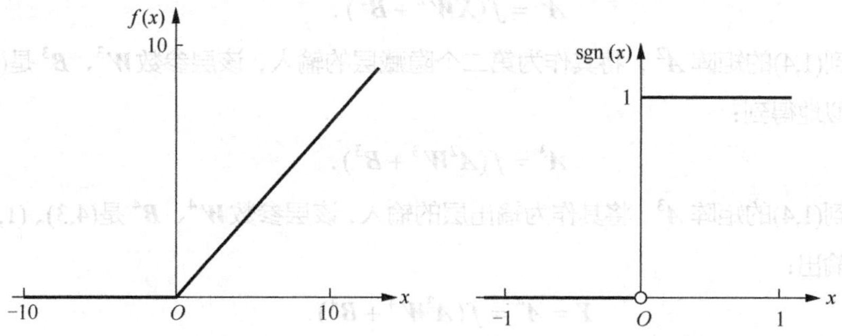

图 4-5 ReLU 函数（a）和阶跃函数（b）

利用随机数给权重赋初始值，我们假设 $w_{11}^2=0.9$，$w_{21}^2=-0.2$，$b_1^2=0$，$w_{12}^2=0.3$，$w_{22}^2=0.8$，$b_2^2=0$，$w_{11}^3=-0.9$，$w_{12}^3=0.2$，$b_1^3=0$. 设计好了网络架构，有了这些初始值，就可以开始计算了.

首先计算隐藏层的第一个神经元，它接收第一层（输入层）两个神经元的输入，经过相关的权重和激活函数的作用得到该神经元的输出为：

$$a_1^2=f(w_{11}^2x_1+w_{12}^2x_2+b_1^2)=\mathrm{ReLU}(0.9\times0+0.3\times1+0)=0.3.$$

然后计算隐藏层的第二个神经元，和第一个神经元类似，也接收输入层两个神经元的输入，经过对应的权重和激活函数的作用得到该神经元的输出为：

$$a_2^2=f(w_{21}^2x_1+w_{22}^2x_2+b_2^2)=\mathrm{ReLU}(-0.2\times0+0.8\times1+0)=0.8.$$

最后将隐藏层的输出作为输出层的输入，通过和隐藏层类似的计算得到输出层，输出值为：

$$y=a_1^3=f(w_{11}^3a_1^2+w_{12}^3a_2^2+b_1^3)=\mathrm{sgn}(-0.9\times0.3+0.2\times0.8+0)=0.$$

至此，已经实现了从输入到输出的信息的传递. 用同样的方法可以计算不同输入下的输出值.

通过计算发现对于（$x_1=1, x_2=0$），$y=0$；对于（$x_1=0, x_2=0$），$y=0$；对于（$x_1=1, x_2=1$），

y=0．显然，该网络对于（$x_1 = 1, x_2 = 0$）和（$x_1 = 0, x_2 = 1$）得到了与预期结果不同的答案．这可以通过手动的方式多次尝试不同的权重，最终得到可以尽可能满足所有输入都能输出相对应的标准输出的网络结构．

对于更复杂的网络，也是通过类似的方法将输入的特征信息逐层向前传递至输出层，但是不可能一步一步地通过手动的方式进行这些烦琐的计算．这可以利用计算机中的矩阵运算来解决．矩阵可以将这些计算变为简单的形式，而且矩阵乘法可以并行，从而可以提高程序的运行效率．并且对 Python 来说，每一次的矩阵运算对应一条指令，可以简单、快速地实现前向传播算法．例如，对于 4.2.1 小节中的简单神经网络（见图 4-2），输入为(1,3)（1 行 3 列）的矩阵 $\boldsymbol{X}$，其对应层参数 $\boldsymbol{W}^2$、$\boldsymbol{B}^2$ 是(3,4)、(1,4)的矩阵，第一个隐藏层的值可通过如下的矩阵乘法得到：

$$\boldsymbol{A}^2 = f(\boldsymbol{X}\boldsymbol{W}^2 + \boldsymbol{B}^2) .$$

从而得到(1,4)的矩阵 $\boldsymbol{A}^2$，将其作为第二个隐藏层的输入，该层参数 $\boldsymbol{W}^3$、$\boldsymbol{B}^3$ 是(4,4)、(1,4)的矩阵，类似地得到：

$$\boldsymbol{A}^3 = f(\boldsymbol{A}^2\boldsymbol{W}^3 + \boldsymbol{B}^3) .$$

从而得到(1,4)的矩阵 $\boldsymbol{A}^3$，将其作为输出层的输入，该层参数 $\boldsymbol{W}^4$、$\boldsymbol{B}^4$ 是(4,3)、(1,3)的矩阵，得到最后的输出：

$$\boldsymbol{Y} = \boldsymbol{A}^4 = f(\boldsymbol{A}^3\boldsymbol{W}^4 + \boldsymbol{B}^4) .$$

对于网络参数，也可以设计学习算法，使得网络本身能够自动调整神经元的权重和偏置．这种调整可以响应外部的刺激，而不需要程序员的直接干预，4.4 节将会对此进行详细介绍．

4.4 反向传播算法

BP 神经网络是误差反向传播神经网络的简称．前向传播时，输入信号经输入层输入，通过隐藏层的复杂计算由输出层输出．此时，将输出值与期望输出值相比较，若有误差，再将误差信号反向由输出层通过隐藏层处理后向输入层传播．在这个过程中，通过梯度下降算法对神经元的权值和偏置进行反馈和调节，将误差"分摊"给各层的所有单元，从而获得各单元的误差信号，以误差信号为依据修正各单元权值和偏置，网络权值和偏置被重新分布．此过程完成后，输入信号再次由输入层输入网络，重复上述过程．这个信号正向传播与误差反向传播的各层权值和偏置调整过程，周而复始地进行，直到网络输出的误差减小到可以接受的程度，或进行到预先设定的学习次数．权值和偏置不断调整的过程就是网络的学习和训练过程．通过学习，网络记忆了所学样本的特征，当输入未学习过的样本时，网络也能输出合适的结果．

直到鲁梅哈特、辛顿和威廉姆斯在 1986 年发表了反向传播算法相关论文，人们才意识到这个算法的重要性．他们在论文中介绍了对一些神经网络反向传播要比传统方法速度更快，这使得用神经网络来解决之前无法解决的问题变得可行. 现在，反向传播算法已经是神经网络学习的重要组成部分.

4.4.1 梯度下降算法与学习率

在介绍反向传播算法之前，需要先了解一下梯度下降算法和学习率的概念. 梯度下降算法是一个一阶最优化算法，通常也称为最速下降法. 要使用梯度下降算法找到一个函数的局部极小值，必须向函数上当前点对应梯度（或者是近似梯度）的反方向的规定步长距离点进行迭代搜索. 梯度下降算法基于以下观察：如果实值函数 $F(x)$ 在点 θ 处可微且有定义，那么函数 $F(x)$ 在点 θ 沿着梯度相反的方向 $-\nabla F(\theta)$ 下降最快. 因而，如果

$$\theta' = \theta - \eta \nabla F(\theta) ,$$

当 $\eta > 0$ 且为一个足够小的数时，$F(\theta') \leqslant F(\theta)$ 成立. 其中，η 为学习率，是一个确定步长的正标量.

因此，通过这一点，从函数 F 的局部极小值的初始估计 x_0 出发，并考虑序列 $x_0, x_1, x_2, x_3, \cdots, x_n$，使得

$$x_{n+1} = x_n - \eta \nabla F(x_n), \quad n \geqslant 0 ,$$

则可以得到 $F(x_0) \geqslant F(x_1) \geqslant F(x_2) \geqslant F(x_3) \geqslant \cdots \geqslant F(x_n)$.

通过多次迭代序列 $(x_0, x_1, x_2, x_3, \cdots, x_n)$ 可以收敛得到期望的极小值，图 4-6 展示了这一过程. 这里假设 F 定义在平面上，并且函数图像呈碗形. 圆形的曲线是等高线（水平集），即函数 F 为常数的集合构成的曲线；每点处的梯度方向与通过该点的等高线垂直，箭头指向为该点梯度的反方向；沿着梯度下降方向，将最终到达碗底，即函数 F 值最小的点.

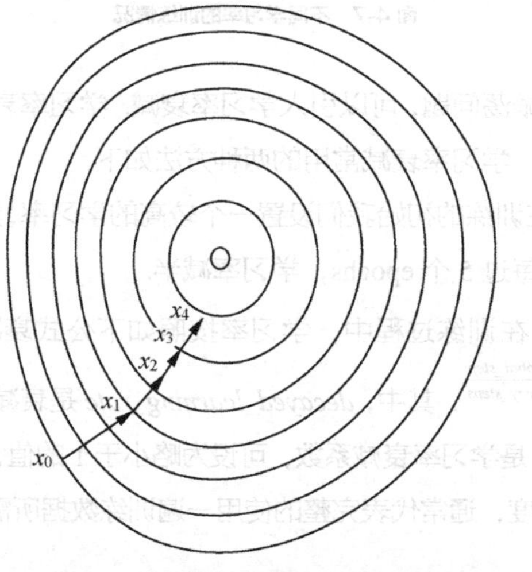

图 4-6 使用梯度下降算法求得极小值点

上面公式中的参数 η 称为步长，也就是学习率. 学习率是一个通过调整损失函数梯度改变网络权重的超参数. 学习率越低，损失函数的变化速度就越慢；学习率越高，损失函

数的变化速度就越快. 学习率决定目标函数能否收敛到局部最小值，以及以多快的速度收敛到最小值.

当学习率设置得过高时,参数更新的幅度会很大,这样会导致网络快速收敛到局部最优点,或者产生振荡，进而可能越过最优点. 使用低学习率可以确保函数不会错过任何局部极小值，但当学习率设置得过低时，神经网络的目标函数下降速度会很缓慢，不能快速地收敛，优化的效率较低. 合适的学习率使目标函数在相对合适的时间内收敛到局部最小值，而且不同大小的数据集,以及不同的目标函数也对应着不一样的最合适的学习率,所以应该根据实际应用情况,对学习率的选取做调整和优化. 图 4-7 所示为不同学习率的训练情况，其中纵坐标为损失函数值，横坐标为训练迭代轮数.

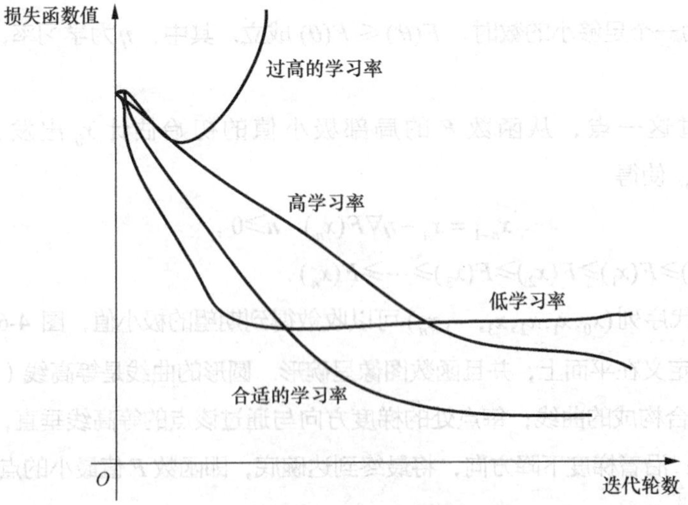

图 4-7 不同学习率的训练情况

为了平衡收敛速度和振荡问题，可以引入学习率衰减. 学习率衰减的基本思想是使学习率随着训练的进行逐渐衰减. 学习率衰减常用的两种方法如下.

第一种为线性衰减. 在训练的初始我们设置一个较高的学习率,然后随着迭代次数的增加,逐渐降低学习率. 例如，每过 5 个 epochs，学习率减半.

第二种为指数衰减. 在训练过程中，学习率按照如下公式衰减：$decayed\_leaning\_rate = learning\_rate \times decay\_rate^{\frac{global\_step}{decay\_steps}}$. 其中，*decayed_learning_rate* 是衰减后的学习率，*learning_rate* 是初始学习率，*decay_rate* 是学习率衰减系数，可设为略小于 1 的值，*global_step* 是当前迭代次数，*decay_steps* 是衰减速度，通常代表完整的使用一遍训练数据所需要的迭代轮数，为总样本数/*BATCH_SIZE*.

4.4.2 反向传播算法的优点

实际中，采用梯度下降算法可以有效地求解最小化代价函数（也称作代价函数）的问题. 梯度下降算法需要给定一个初始点，并求出该点的梯度向量，然后以负梯度方向为搜索方向，以一定的步长进行搜索，从而确定下一个迭代点，再计算该新的梯度方向，如此重复直到代价函数收敛. 现在有一个疑问：既然可以使用梯度下降算法找到合理的参数，使得目标函数得到最优值，那么使用反向传播算法有什么意义？以求 $e=(a+b)(b+3)$偏导为例，使用计算图来表示它们之间的关系，如图 4-8 所示.

假设初始化 $a=2$，$b=1$，所以很容易求得相邻节点的偏导关系，如图 4-9 所示.

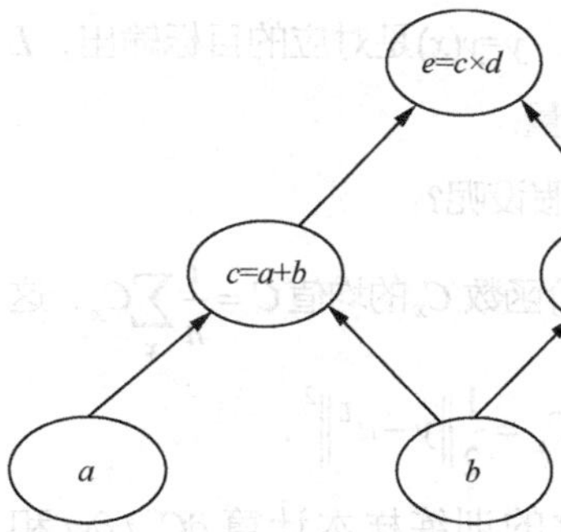

图 4-8　计算图

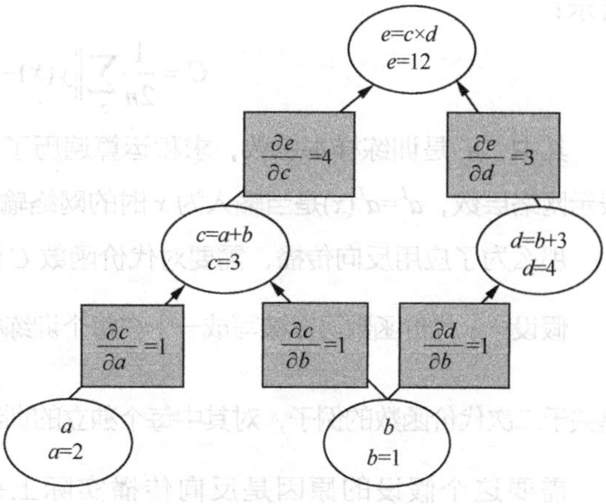

图 4-9　相邻节点的偏导数

利用链式法则知 $\frac{\partial e}{\partial a}=\frac{\partial e}{\partial c}\times\frac{\partial c}{\partial a}$ 和 $\frac{\partial e}{\partial b}=\frac{\partial e}{\partial c}\times\frac{\partial c}{\partial b}+\frac{\partial e}{\partial d}\times\frac{\partial d}{\partial b}$. 即 $\frac{\partial e}{\partial a}$ 的值等于从 a 到 e 的路径上的偏导数的乘积，$\frac{\partial e}{\partial b}$ 的值等于从 b 到 e 的一条路径（b-c-e）上偏导数的乘积与从 b 到 e 的另一条路径（b-d-e）上偏导数的乘积之和. 也就是说，对于上层节点 x 和下层节点 y，要求得 $\frac{\partial x}{\partial y}$，需要找到从 y 节点到 x 节点的所有路径，并且对每条路径，求得该路径上的所有偏导数的乘积，然后将所有路径的"乘积"累加起来才能得到 $\frac{\partial x}{\partial y}$ 的值.

这样做导致很多路径被重复访问了，十分冗余. 例如，图 4-9 中，a-c-e 和 b-c-e 就都访问了路径 c-e. 对于权值很大的神经网络，这样的重复所导致的计算量是相当大的. 同样是利用链式法则，BP 算法则避开了这种冗余，它对每条路径只访问一次就能求出顶点对所有下层节点的偏导数. BP 算法是自上往下来寻找路径的. 从最上层的顶点 e 开始，初始值为 1，对于 e 的下一层的所有子节点，将初始值 1 乘上 e 到某个节点的路径上的偏导数，并将结果堆放在该子节点中. 对每个子节点都计算完毕后，第二层的每个节点都有相应的值，然后针对每个节点，对它里面堆放的所有值求和，就得到了顶点 e 对该节点的偏导. 然后将第二层的节点分别作为起始顶点，初始值设为顶点 e 对它们的偏导数，用与上一层同样的方法进行计算. 以"层"为单位重复上述传播过程，即可求出顶点 e 对每一层节点的偏导数. 因此反向传播避免了路径的重复访问和计算，大大提升了求解神经网络模型最优化参数的效率.

4.4.3 反向传播相关计算公式

反向传播的目标是计算代价函数 C 分别关于权重 w 和偏置 b 的偏导数 $\partial C/\partial w$ 和 $\partial C/\partial b$. 为了让反向传播可行，在本书中我们给出了关于代价函数的两个假设. 在给出这两个假设之前，我们先来看一个具体的代价函数——二次代价函数，其形式如式 4.2 所示：

$$C=\frac{1}{2n}\sum_x\left\|y(x)-a^L(x)\right\|^2 . \tag{4.2}$$

其中，n 是训练样本总数，求和运算遍历了每个训练样本. $y=y(x)$是对应的目标输出，L 表示网络层数，$a^L=a^L(x)$是当输入为 x 时的网络输出的激活值向量.

那么为了应用反向传播，需要对代价函数 C 做出什么样的假设呢?

假设一：代价函数可以被写成一个在每个训练样本 x 上的代价函数 C_x 的均值 $C=\frac{1}{n}\sum_x C_x$. 这是关于二次代价函数的例子，对其中每个独立的训练样本代价是 $C_x=\frac{1}{2}\left\|y-a^L\right\|^2$.

需要这个假设的原因是反向传播实际上是对一个独立的训练样本计算 $\partial C_x/\partial w$ 和 $\partial C_x/\partial b$，然后通过在所有训练样本上进行平均化获得 $\partial C/\partial w$ 和 $\partial C/\partial b$. 实际上，有了这个假设，可以认为训练样本 x 已经被固定了，将代价函数 C_x 看作 C.

假设二：代价函数可以写成神经网络输出函数 $C=C(a^L)$. 例如，二次代价函数满足这个要求，因为对于一个单独的训练样本 x，其二次代价函数如式 4.3 所示：

$$C=\frac{1}{2}\left\|y-a^L\right\|^2=\frac{1}{2}\sum_j(y_j-a_j^L)^2 . \tag{4.3}$$

当然，这个代价函数同样依赖目标输出 y. 那么为什么我们不把代价函数也看作一个 y 的函数呢? 因为输入的训练样本 x 是固定的，所以输出 y 同样是一个固定的参数，即它并不能随意地通过改变权重和偏置来改变，也就是说，这不是神经网络学习的对象. 所以，将 C 看成仅有输出激活值 a^L 变量的函数才是合理的，而 y 仅仅是帮助定义函数的参数而已.

反向传播其实是对权重和偏置进行改变从而影响代价函数的过程. 最终极的含义其实就是计算偏导数 $\partial C/\partial w_{jk}^l$ 和 $\partial C/\partial b_j^l$. 但是为了计算这些值，首先引入一个中间量 δ_j^l，称之为在 l 层的第 j 个神经元上的误差，反向传播给出计算误差的流程，然后将其关联到计算权重和偏置的偏导数 $\partial C/\partial w_{jk}^l$ 和 $\partial C/\partial b_j^l$ 上.

为了理解误差是怎样定义的，现假设在神经网络上有一个扰动：这个扰动在 l 层的第 j 个神经元上，如图 4-10 所示. 在神经元的带权输入 $z_j^l(z_j^l=\sum_k W_{jk}^l a_k^{l-1}+b_j^l)$ 上，它会产生很小的变化 Δz_j^l，使得神经元输出由 $f(z_j^l)$ 变成 $f(z_j^l+\Delta z_j^l)$（f 是激活函数）. 这个变化会向网络后面的层进行传播，最终导致整个代价产生 $\frac{\partial C}{\partial z_j^l}\Delta z_j^l$ 的改变.

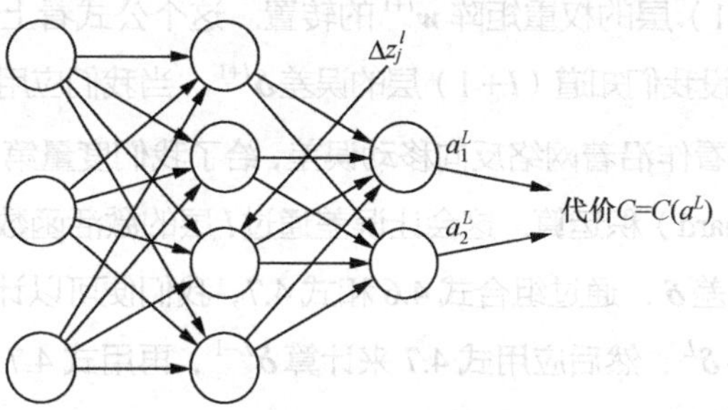

图 4-10 加入扰动

可以借助扰动来优化代价，找到让代价更小的 Δz_j^l. 假设 $\frac{\partial C}{\partial z_j^l}$ 有一个很大的值（可正可负），那么可以选择与 $\frac{\partial C}{\partial z_j^l}$ 符号相反的 Δz_j^l 来降低代价. 相反，如果 $\frac{\partial C}{\partial z_j^l}$ 已经接近 0，那么不能通过扰动带权输入 z_j^l 来大大改善代价，这个时候神经元已经接近最优了. 所以这里有一个启发式的认识，即 $\frac{\partial C}{\partial z_j^l}$ 是神经元的误差的度量.

按照上面的描述，定义 l 层的第 j 个神经元的误差 δ_j^l 为

$$\delta_j^l = \frac{\partial C}{\partial z_j^l}. \quad (4.4)$$

按照惯例，使用 δ^l 表示关联于 l 层的误差向量. 反向传播会提供一种计算每层的 δ^l 的方法，然后将这些误差和最终需要的量（$\partial C / \partial W_{jk}^l$ 和 $\partial C / \partial b_j^l$）联系起来.

反向传播基于 4 个基本公式，给出了一种计算误差 δ^l 和代价函数梯度的方法. 下面对 4 个基本公式进行介绍.

1. 输出层误差的方程 δ^L，定义如下：

$$\delta_j^L = \frac{\partial C}{\partial a_j^L} f'(z_j^L). \quad (4.5)$$

等号右边第一项 $\partial C / \partial a_j^L$ 表示代价随着输出层第 j 个神经元输出激活值的变化而变化的速度. 假如 C 不太依赖一个特定的输出神经元 j，那么 δ_j^L 就会很小，这也是我们想要的效果. 等号右边第二项 $f'(z_j^L)$ 刻画了激活函数 f 在 z_j^L 输出的变化速度.

式 4.5 对 δ^L 来说是一个按分量构成的表达式，虽然这是一个非常好的表达式，但不是期望的用矩阵表示的形式. 其实，以矩阵形式重写式 4.5 很简单，如式 4.6 所示：

$$\boldsymbol{\delta}^L = \nabla_a C \odot f'(z^L). \quad (4.6)$$

这里 $\nabla_a C$ 被定义成一个向量，其元素是偏导数 $\frac{\partial C}{\partial a_j^L}$. 可以将 $\nabla_a C$ 看成 C 关于输出激活值的变化速度. 式 4.5 和式 4.6 等价是显而易见的，所以下面会用式 4.6 表示这两个公式.

2. 使用下一层的误差 δ^{l+1} 来表示当前层的误差 δ^l：

$$\boldsymbol{\delta}^l = ((\boldsymbol{w}^{l+1})^{\mathrm{T}} \boldsymbol{\delta}^{l+1}) \odot f'(z^l). \quad (4.7)$$

其中$(\boldsymbol{w}^{l+1})^{\mathrm{T}}$是（$l+1$）层的权重矩阵$\boldsymbol{w}^{l+1}$的转置. 这个公式看上去有些复杂，但是每一项都可以很好地解释. 假设我们知道（$l+1$）层的误差$\boldsymbol{\delta}^{l+1}$，当我们应用转置的权重矩阵$(\boldsymbol{w}^{l+1})^{\mathrm{T}}$时，我们可以凭直觉把它看作沿着网络反向移动误差，给了我们度量第l 层误差的方法. 然后，我们进行哈达码（Hadamard）积运算. 这会让误差通过l层的激活函数反向传递回来，并给出在第l层的带权输入的误差$\boldsymbol{\delta}$. 通过组合式 4.6 和式 4.7，我们便可以计算任何层的误差. 首先使用式 4.6 来计算输出层$\boldsymbol{\delta}^{L}$，然后应用式 4.7 来计算$\boldsymbol{\delta}^{L-1}$，再用式 4.7 来计算$\boldsymbol{\delta}^{L-2}$，如此一步一步地反向传播完整个网络.

3. 代价函数关于网络中任意偏置的改变率如式 4.8 所示：

$$\frac{\partial C}{\partial b_j^l}=\delta_j^l . \tag{4.8}$$

这个公式是由误差δ_j^l和偏导数$\partial C/\partial b_j^l$完全一致推导出来的. 这是一个很好的性质，因为式 4.5 和式 4.6 已经告诉我们如何计算δ_j^l. 所以就可以将式 4.8 简记为$\frac{\partial C}{\partial b}=\delta$，其中$\delta$和偏置$b$针对的是同一个神经元.

4. 代价函数关于任何一个权重的改变率如式 4.9 所示：

$$\frac{\partial C}{\partial w_{jk}^l}=a_k^{l-1}\delta_j^l . \tag{4.9}$$

式 4.9 告诉我们计算$\partial C/\partial w_{jk}^l$的方式，其中$\delta^l$和$a^{l-1}$都已经知道如何计算. 式 4.9 也可以写成下面用更少的下标表示的形式：

$$\frac{\partial C}{\partial w}=a_{\text{in}}\delta_{\text{out}} . \tag{4.10}$$

其中a_{in}是输入权重w的神经元的激活值，δ_{out}是输出自权重w的神经元的误差.

使用式 4.10 的一个好的结果就是当激活值a_{in}很小，即$a_{\text{in}}\approx 0$时，梯度$\partial C/\partial w$也会趋于很小的值. 这样的情况就是权重学习缓慢，意味着在梯度下降的时候，这个权重不会改变太多. 换言之，使用式 4.9 的一个结果就是来自低激活值神经元的权重学习会非常缓慢.

总结：反向传播的 4 个公式如下：

$$\boldsymbol{\delta}^L=\nabla_a C\odot f'(z^L) ,$$

$$\boldsymbol{\delta}^l=((\boldsymbol{w}^{l+1})^{\mathrm{T}}\boldsymbol{\delta}^{l+1})\odot f'(z^l) ,$$

$$\frac{\partial C}{\partial b_j^l}=\delta_j^l ,$$

$$\frac{\partial C}{\partial w_{jk}^l}=a_k^{l-1}\delta_j^l .$$

4.4.4 使用链式法则推导

这 4 个反向传播公式都是由多元微积分的链式法则推导出的，这里只推导第一个公式，剩下 3 个公式，有兴趣的读者可自行推导. 那么，首先来熟悉链式法则.

设 x 是实数，f 和 g 是从实数映射到实数的函数. 假设 $y=g(x)$ 并且 $z=f(g(x))=f(y)$. 那么根据链式法则：

$$\frac{\mathrm{d}z}{\mathrm{d}x}=\frac{\mathrm{d}z}{\mathrm{d}y}\frac{\mathrm{d}y}{\mathrm{d}x}, \tag{4.11}$$

4 个公式中的第 1 个公式给出输出误差 δ^L 的表达式. 为了证明该公式，需要回忆一下式 4.4：

$$\delta_j^L=\frac{\partial C}{\partial z_j^L}$$

应用链式法则，可以用输出激活值的偏导数的形式重新表示上面的偏导数：

$$\delta_j^L=\sum_k \frac{\partial C}{\partial a_k^L}\frac{\partial a_k^L}{\partial z_j^L}. \tag{4.12}$$

这里的求和是在输出层的所有 k 个神经元上进行的，因为第 k 个神经元的输出激活值 a_k^L 只依赖于当 k=j 时第 j 个神经元的带权输入 z_j^L ，所以当 $k\neq j$ 时，$\partial a_k^L/\partial z_j^L$ 消失了，可以简化式 4.12 为

$$\delta_j^L=\frac{\partial C}{\partial a_j^L}\frac{\partial a_j^L}{\partial z_j^L} \tag{4.13}$$

因为 $a_j^L=f(z_j^L)$ ，所以式 4.13 的等号右边第二项可以写为 $f'(z_j^L)$ ，公式变成：

$$\delta_j^L=\frac{\partial C}{\partial a_j^L}f'(z_j^L). \tag{4.14}$$

这与式 4.5 形式一样，这正是分量形式的公式.

反向传播公式给出了一种计算代价函数梯度的方法，下面将其显式地用算法描述出来.

（1）输入 x ：为输入层设置对应的激活值 a^1 .

（2）前向传播：对每个 $l=2,3,\cdots,L$ ，计算相应的 $z^l=w^l a^{l-1}+b^l$ 和 $a^l=f(z^l)$。

（3）输出层误差 $\boldsymbol{\delta}^L$ ：计算向量 $\boldsymbol{\delta}^L=\nabla_a C\odot f'z^L$.

（4）反向误差传播：对每个 $l=L-1,L-2,\cdots,2$ ，计算 $\delta^l=((w^{l+1})^{\mathrm{T}}\delta^{l+1})\odot f'(z^l)$.

（5）输出：代价函数的梯度由 $\frac{\partial C}{\partial w_{jk}^l}=a_k^{l-1}\delta_j^l$ 和 $\frac{\partial C}{\partial b_j^l}=\delta_j^l$ 得出.

4.5 常用的优化算法

对于神经网络模型，借助于 BP 算法可以高效地计算梯度，从而利用梯度下降算法. 但梯度下降算法的一个问题是：不能保证全局收敛. 如果这个问题解决了，深度学习的世界会“和谐”很多. 梯度下降算法针对凸优化问题原则上是可以收敛到全局最优的，因为此时只有唯一的局部最优点. 而实际上深度学习模型是一个复杂的非线性结构，一般属于非凸优化问题，这意味着存在很多局部最优点，采用梯度下降算法可能会陷入局部最优，这应该是最头疼的问题. 因此，在这个问题上我们注定要成为“高级调参师”. 梯度下降算法中一个重要的参数是

学习率，合适的学习率很重要：学习率过低时收敛速度慢，而过高时导致训练振荡，而且可能会发散. 理想的梯度下降算法要满足两点：收敛速度要快，且能全局收敛. 为了这个“理想”，出现了很多经典梯度下降算法的变种，下面将会举例介绍.

4.5.1 随机梯度下降算法和小批量梯度下降算法

传统的批量梯度下降算法每次学习都使用整个训练集，优点是每次更新都会朝着正确的方向进行，最后能够收敛于极值点. 缺点是样本数量很大的时候，由于每个样本都需要计算，运算速度比较慢，更新一次需要的时间很长. 随机梯度下降（Stochastic Gradient Descent，SGD）算法从样本集中随机选取一个样本参与计算，而不是所有样本都参与计算，这样每一轮参数更新的速度大大加快. 参数的更新公式如式 4.15 所示：

$$\theta = \theta - \eta \nabla_\theta C(\theta, x^{(i)}, y^{(i)}) . \quad (4.15)$$

其中 $x^{(i)}$ 和 $y^{(i)}$ 为训练样本. 在每次更新时用一个样本，“随机”表示用一个样本来近似所有的样本，来调整参数 θ，因而使用 SGD 算法会带来一定的问题.

频繁地更新使得参数间具有高方差，损失函数会以不同的强度波动. 这实际上是一件好事，因为它有助于发现新的、可能更优的局部极小值. 然而，SGD 算法的问题在于，它仅用一个样本决定梯度方向，导致解很有可能不是最优；而且由于一次迭代一个样本，导致迭代方向变化很大，不能很快地收敛到局部最优解.

小批量梯度下降（Mini Batch Gradient Descent）算法是批量梯度下降算法和随机梯度下降算法的折中，它将数据集分成小批量，在每次更新时使用小批量训练样本，并为每个批次执行更新. 这样，算法的训练过程比较快，而且最终参数训练的准确率也有保证. 当训练神经网络模型时，小批量梯度下降算法是典型的选择算法.

4.5.2 动量法

SGD 算法中的高方差振荡使得网络很难稳定收敛，所以有研究者提出了一种称为动量（Momentum）的技术（又称动量法），通过优化相关方向的训练和弱化无关方向的振荡来加速 SGD 训练. 为了表示动量，引入了一个新的变量 v，它是之前梯度计算量的累加. 参数更新公式如式 4.16 所示.

$$v_t = \gamma v_{t-1} + \eta \nabla_\theta C(\theta), \theta = \theta - v_t . \quad (4.16)$$

折扣因子 γ 通常取 0.9，或某个接近的值. 动量法的思想是将历史步长更新向量的一个分量 r，添加到当前的更新向量中，在每次迭代中，计算梯度和误差，更新 v 和 θ

当梯度指向实际移动方向时，动量项增大；当梯度与实际移动方向相反时，动量项减小. 这种方式意味着动量项只对相关样本进行参数更新，减少了不必要的参数更新，从而得到更快且稳定的收敛，也减少了振荡过程.

4.5.3 Adagrad 算法

Adagrad 是一种基于梯度的优化算法，它让学习率自适应于参数. 对于出现次数较少的特征，对其采用较高的学习率；对于出现次数较多的特征，对其采用较低的学习率. 因此，Adagrad 算法非常适合处理稀疏数据. 迪安（Dean）等人发现 Adagrad 算法能够极大提高 SGD 算法的健壮性并将其应用于 Google 的大规模神经网络的训练. 此外，潘宁顿（Pennington）等人利用 Adagrad 算法训练 Glove 词向量，因为低频词比高频词需要更大的步长.

在式 4.15 中，每次更新所有的参数 θ 时，每个参数 θ_i 都使用相同的学习率 η. 在每个时间步 t 中，Adagrad 算法对每个参数 θ_i 选取了不同的学习率，更新对应的参数，然后对其向量化. 简洁起见，把在 t 时刻代价函数关于参数 θ_i 的梯度表示为 $g_{t,i}$，其值为 $g_{t,i}=\nabla_\theta C(\theta_i)$. 在 t 时刻，对每个参数 θ_i 的更新过程变为

$$\theta_{t+1,i}=\theta_{t,i}-\eta g_{t,i}.$$

对于上述的更新规则，在 t 时刻，基于对 θ_i 计算过的历史梯度，Adagrad 算法修正了对每一个参数 θ_i 的学习率：

$$\theta_{t+1,i}=\theta_{t,i}-\frac{\eta}{\sqrt{G_{t,ii}+\epsilon}}g_{t,i}. \tag{4.17}$$

其中，$\boldsymbol{G}_t$ 是一个对角矩阵，每个对角线上的元素（i,i）是截至 t 时刻，所有关于 θ_i 的梯度的平方和（杜基等人将该矩阵作为包含所有先前梯度的外积的完整矩阵的替代，因为即使对于中等数量的参数 d，矩阵的均方根的计算都是不切实际的）；ϵ 是平滑项，用于防止除数为 0（通常设置为 1×10^{-8}）. 式 4.17 中，如果没有平方根的操作，算法的效果会变得比较差.

我们通过元素向量乘法，将上面的公式向量化，如式 4.18 所示：

$$\theta_{t+1}=\theta_t-\frac{\eta}{\sqrt{\boldsymbol{G}_t+\epsilon}}\odot\boldsymbol{g}_t. \tag{4.18}$$

Adagrad 算法的主要优点是无须手动调整学习率. 它的主要缺点是学习率总是在不断地衰减：因为每个附加项都是正的，在分母中累积了多个平方梯度值，故累积的总和在训练期间保持增长. 这会导致学习率变小以至于最终变得无限小，当学习率无限小时，Adagrad 算法将无法取得额外的信息.

RMSprop 是杰弗里·辛顿（Geoffrey Hinton）提出的一种未发表的自适应学习率方法，目的是为了解决 Adagrad 中学习率衰减过快的问题. 它不是累积过去所有梯度的平方和，而是将累积的过去梯度的窗口限制为某个固定的大小，即只关注过去一段时间窗口的梯度. 梯度平方之和被递归地定义为过去梯度平方的衰减平均值，在 t 时刻的平均值 $E[g^2]_t$ 仅仅取决于先前平均值和当前梯度，其相关计算公式如下：

$$E[g^2]_t=\gamma E[g^2]_{t-1}+(1-\gamma)g_t^2$$

4.6 常用的正则化方法

在机器学习中，一个核心问题是设计的模型不应当只在训练集上表现好，而应当能在新输入的数据集上泛化好. 正则化是为了解决不适定问题或防止过拟合而添加信息的过程（问题是适定的，指的是问题的解存在、唯一并且稳定. 如果有一个条件不满足，则称为不适定的）. 正则化适用于不适定优化问题的目标函数. 如图 4-11 所示，对于给定点的数据拟合问题，两条曲线对应的函数都会在给定数据集上产生零损失，可以通过调整正则化项的权重来诱导学习模型优选更合适的函数（图中更平滑的曲线对应的函数），从而使得模型可以更好地拟合未知的分布点. 正则化修改学习算法，使其泛化误差降低，模型的健壮性增加. 正则化是机器学习领域的中心问题之一，许多任务都可以使用非常通用的正则化形式来有效解决.

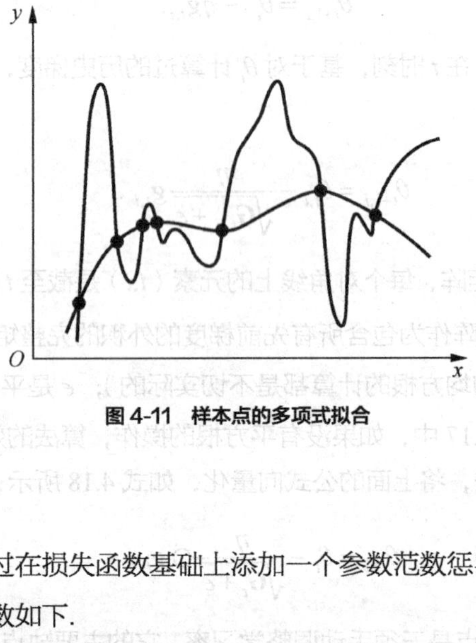

图 4-11 样本点的多项式拟合

4.6.1 范数惩罚法

许多正则化方法会通过在损失函数基础上添加一个参数范数惩罚，限制模型能力，降低模型复杂度. 常用的向量范数如下.

L1 范数：$\|\boldsymbol{x}\|_1$ 为 $\boldsymbol{x}$ 向量各个元素绝对值之和.

L2 范数：$\|\boldsymbol{x}\|_2$ 为 $\boldsymbol{x}$ 向量各个元素平方和的 1/2 次方.

Lp 范数：$\|\boldsymbol{x}\|_p$ 为 $\boldsymbol{x}$ 向量各个元素绝对值 p 次方和的 $1/p$ 次方.

范数惩罚法通过降低模型的复杂度来实现正则化，使得模型既可以正确使用训练数据，又不会过度依赖训练数据. 正则化后的损失函数如式 4.19 所示：

$$\widehat{C}(\theta;X,y)=C(\theta;X,y)+\lambda\Omega(\theta) . \tag{4.19}$$

其中等号右边的第一项是训练损失，该项取决于训练数据；第二项就是范数惩罚项 $\Omega(\theta)$，它与数据无关，只是简化模型. 这两项通过 λ 在正确使用样本和简化模型之间取得平衡. λ 为 0 表示没有正则化，λ 越大，对应正则化惩罚越大. θ 表示所有的参数，通常情况下，由于编置项一般仅需较小的数据即能精确地拟合，所以在深度学习中，只对权重 w 添加约束.

4.6.2 稀疏表示法

把数据集考虑成一个矩阵，每行对应一个样本，每列对应一个特征. 特征选择所考虑的问题是特征具有“稀疏性”，即矩阵中的许多列与当前学习任务无关，通过特征选择去除这些列，则训练过程仅需在较小的矩阵上进行，学习任务的难度可能有所降低，涉及的计算存储和开销会减少，学得模型的可解释性也会提高.

在不少现实应用中我们会遇到这样的情形. 例如，在文档分类任务中，通常将每个文档看作一个样本，每个字（词）作为一个特征，字（词）在文档中出现的频率或次数作为特征的取值. 换言之，所对应的矩阵的每行是一个文档，每列是一个字（词），行、列交汇处就是某字（词）在某文档中出现的频率或次数. 那么，这个矩阵有多少列呢?以汉语为例,《康熙字典》中有 47 035 个汉字，这意味着该矩阵可有 4 万多列，即使仅考虑《现代汉语常用字表》中的汉字，该矩阵也有 3500 列. 然而，给定一个文档，相当多的字是不会出现在这个文档中的，于是矩阵的每行都有大量的零元素，对不同的文档，零元素出现的列往往很不相同.

当样本具有这样的稀疏表达形式时，对学习任务来说会有不少好处. 例如，由于文本数据在使用上述的字频表示后具有高度的稀疏性，使得大多数问题变得线性可分，而且由于稀疏矩阵已有很多高效的存储方法，因此稀疏样本并不会造成存储上的巨大负担.

对于本身不“稀疏”的样本，应如何找到恰当的稀疏表示代替原来不稀疏的数据呢？通常可以用“字典学习”（Dictionary Learning）算法来解决该问题，为样本找到合适的字典，将样本转化为合适的稀疏表示形式，从而使学习任务得以简化，模型复杂度得以降低. “字典学习”亦称“稀疏编码”（Sparse Coding）. 这两个称谓稍有差别，“字典学习”更侧重于学得字典的过程，而“稀疏编码”则更侧重于对样本进行稀疏表达的过程. 两者通常是在同一优化求解过程中完成的.

稀疏表示研究的热点包括模型的近似表示、模型解的唯一性与稳定性、稀疏表示的性能分析、模型求解算法、字典学习算法、稀疏分解算法、超完备原子字典、稀疏表示的具体应用以及紧密联系的压缩传感等. 其中，具体的应用包括图像处理（如压缩、增强与超分辨）、音频处理（如盲源分离）与模式识别（如人脸与手势识别）等. 从实用角度看，具有针对性的灵活模型、计算速度、自适应以及高性能表示结果，是稀疏表示方法在应用领域发挥其优势的关键.

4.6.3 其他方法

除了上文提及的两个正则化方法，还有数据集增强、噪声注入、提前终止、集成等方法.

数据集增强是指用更多的数据进行训练，从而提高学习模型的泛化能力，这对具体的分类问题来说简单、有效. 如果没有收集到足够的样本，也可以通过对现有样本进行处理使得数据集成倍增大. 例如，对图像进行旋转、平移、裁剪感兴趣区域、缩放、变形等.

噪声注入也可以改善神经元的健壮性. 可以在神经网络的输入层注入噪声，即在模型的输入上添加方差极小的噪声使得在不影响输出的同时，降低任务过拟合风险；也可以将噪声添加到权重参数中，这项技术主要用于循环神经网络；还可以将噪声添加至输出目标中，这在训练集和测试集数据分布不一致时可能会有较好的效果.

提前终止是指在训练过程中同时关注训练集误差及验证集误差，刚开始，模型在验证集上的误差是随着训练集误差的下降而下降的，当超过一定训练步数时，虽然模型在训练集上的误差还在下降，但在验证集上的误差却不再下降了，此时，模型就过拟合了. 因此，我们可以观察训练时，模型在验证集上的误差，当其不再下降时，提前终止模型的训练.

Bagging（Bootstrap Aggregating）是通过结合几个模型降低泛化误差的技术. 其主要想法是分别训练几个不同的模型，然后让所有模型表决测试样例的输出，采用这种策略的方法被称为集成方法.

4.7 案例应用

接下来我们用手写数字识别的案例，加深对前文所讲的前向传播和反向传播算法的理解，希望读者能“学以致用”，自己去实现书中的案例. 人类的视觉系统深不可测，对于图 4-12 中的手写数字序列，大部分人能毫不费力地认出该序列是 04192. 那么，神经网络是如何实现识别的呢？首先需要获取大量的手写数字样本，这些样本被称为训练样本；然后神经网络利用训练样本不断学习其特征，来判断输入的数字.

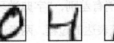

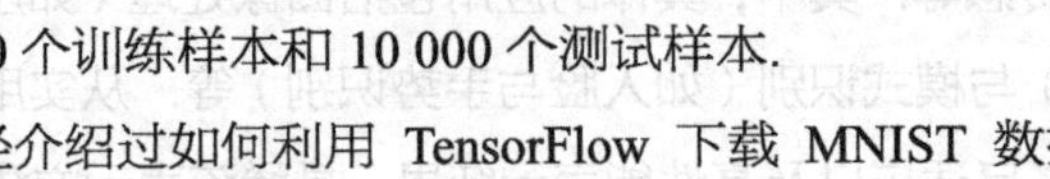

图 4-12　手写数字序列

第 3 章已经介绍过 MNIST 数据集，它是一个手写数字数据集. MNIST 数据集是基于美国国家标准与技术研究院（National Institute of Standards and Technology，NIST）收集的两个数据集，它包含 60 000 个训练样本和 10 000 个测试样本.

在第 3 章中也已经介绍过如何利用 TensorFlow 下载 MNIST 数据集并使用. 本章采用 NumPy 进行数据处理和计算实现手写数字识别. NumPy 是一个开源的 Python 科学计算库，用来做快速线性代数运算.

为实现手写数字识别，我们设计了一个 3 层的神经网络，一个输入层、一个隐藏层和一个输出层. 因为输入的图片大小为 28 像素×28 像素，所以输入层有 28×28 个神经元；隐藏层有 32 个神经元；手写数字中一共有 10 个数字（0～9），所以输出层有 10 个神经元. 其中隐藏层的神经元个数读者可以自定义，不过，如果隐藏层神经元个数取的太少，会导致识别的准确率下降.

读者需要将下载的 MNIST 数据集文件放入一个文件夹中，这里将数据集放入名为“MNIST”的文件夹，读者可根据爱好自行命名. 准备工作完成后，可开始实现手写数字识别. 读者需要建立一个.py 的文件，该文件要与 MNIST 文件夹同目录.

第 1 步，读取下载的文件，代码如下：

```
import numpy as np
import struct
#读取对应的文件
train_images_idx3_ubyte_file= './MNIST /train-images.idx3-ubyte'
train_labels_idx1_ubyte_file = './MNIST /train-labels.idx1-ubyte'
test_images_idx3_ubyte_file= './MNIST /t10k-images.idx3-ubyte'
test_labels_idx1_ubyte_file = './MNIST /t10k-labels.idx1-ubyte'
```

第 2 步，转换数据格式. 因为 MNIST 数据集中的数据图片是二进制格式，需要将它转化成 NumPy 想要的数据形式，代码如下：

```
def decode_idx3_ubyte(images.idx3_ubyte_file):
    bin_data = open(images.idx3_ubyte_file, 'rb').read()
    offset = 0
    magic_number,num_images,num_rows,num_cols = struct.unpack_from('>IIII',
bin_data, offset)
    print("magic:%d, count: %d, size: %d*%d" % (magic_number, num_images,
num_rows, num_cols))
    image_size = num_rows * num_cols
    offset += struct.calcsize('>IIII')
    fmt_image = '>' + str(image_size) + 'B'
    images = np.empty((num_images, num_rows, num_cols))
    for i in range(num_images):
        if (i + 1) % 10000 == 0:
            print("done %d" % (i + 1) + "pictures")
        images[i]=np.array(struct.unpack_from(fmt_image,bin_data,
offset)).reshape((num_rows, num_cols))
        offset += struct.calcsize(fmt_image)
    return images
```

其中，bin_data 是二进制数据，“rb”表示读取二进制数据.

fmt_header = '>IIII'是二进制大端的读取方式. magic_number 是魔数，其实是一个校验数，用来判断这个文件是不是 MNIST 里面的. num_images 是读取的数据集中图片的数量. 在本案例中，训练集图片数量是 60 000 张，测试集图片数量是 10 000 张.

第 3 步，将标签从二进制转换成 NumPy 所需的形式，代码如下：

```
#将标签从二进制转换成 NumPy 所需的形式
def decode_idx1_ubyte(labeis_idx1_ubyte_file):
    bin_data = open(labeis_idx1_ubyte_file, 'rb').read()

    offset = 0
```

```
    magic_number, num_images = struct.unpack_from('>II', bin_data, offset)
    print("magic:%d, num_images: %d labels" % (magic_number, num_images))

    offset += struct.calcsize('>II')
    fmt_image = '>B'
    labels = np.empty(num_images)
    for i in range(num_images):
        if (i + 1) % 10000 == 0:
            print("done %d" % (i + 1) + " labels ")
        labels[i] = struct.unpack_from(fmt_image, bin_data, offset)[0]
        offset += struct.calcsize(fmt_image)
    return labels
```

第 4 步，载入已经转换过格式的数据，代码如下：

```
#载入训练图片数据
def load_train_images(images_idx3_ubyte_file=train_images_idx3_ubyte_file):
    return decode_idx3_ubyte(images_idx3_ubyte_file)
#载入训练图片标签
def load_train_labels(Cabels_idx1_ubyte_file=train_labels_idx1_ubyte_file):
    return decode_idx1_ubyte(Cabels_idx1_idx3_ubyte_file)
#载入测试图片数据
def load_test_images(images_idx3_ubyte_file=test_images_idx3_ubyte_file):
    return decode_idx3_ubyte(images_idx3_ubyte_file)
#载入测试图片标签
def load_test_labels(Cabels_idx1_file=test_labels_idx1_ubyte_file):
    return decode_idx1_ubyte(Cabels_idx1_ubyte_file)
```

第 5 步，标准正则化和初始化参数，本案例中用的是均值初始化，代码如下：

```
#标准正则化
def normalize_data(image):
    a_max = np.max(image)
    a_min = np.min(image)
    for j in range(image.shape[0]):
        image [j] = (image [j] - a_min) / (a_max - a_min)
    return image
#初始化参数
def initialize_with_zeros(n_x, n_h, n_y):
    np.random.seed(2)
    W1 = np.random.uniform(-np.sqrt(6) / np.sqrt(n_x + n_h), np.sqrt(6) /
np.sqrt(n_h + n_x), size=(n_h, n_x))
    b1 = np.zeros((n_h, 1))
    W2 = np.random.uniform(-np.sqrt(6) / np.sqrt(n_y + n_h), np.sqrt(6) /
np.sqrt(n_y + n_h), size=(n_y, n_h))
```

```
        b2 = np.zeros((n_y, 1))
        parameters = {"W1": W1,
                      "b1": b1,
                      "W2": W2,
                      "b2": b2}
        return parameters
```

第 6 步，前向传播和代价函数的计算，代码如下：

```
    #前向传播计算
    def forward_propagation(X, parameters):
        W1 = parameters["W1"]
        b1 = parameters["b1"]
        W2 = parameters["W2"]
        b2 = parameters["b2"]
        Z1 = np.dot(W1, X) + b1
        A1 = np.tanh(Z1)
        Z2 = np.dot(W2, A1) + b2
        A2 = sigmoid(Z2)
        cache = {"Z1": Z1,
                 "A1": A1,
                 "Z2": Z2,
                 "A2": A2}
        return A2, cache
    #代价函数的计算
    def costloss(A2, Y, parameters):
        t = 0.00000000001
        logprobs = np.multiply(np.log(A2 + t), Y) + np.multiply(np.log(1 - A2 +
t), (1 - Y))
        cost = np.sum(logprobs, axis=0, keepdims=True) / A2.shape[0]
        return cost
```

第 7 步，反向传播和参数的更新，代码如下：

```
    #反向传播
    def back_propagation(parameters, cache, X, Y):
        W1 = parameters["W1"]
        W2 = parameters["W2"]
        A1 = cache["A1"]
        A2 = cache["A2"]
        Z1 = cache["Z1"]

        dZ2 = A2 - Y
        dW2 = np.dot(dZ2, A1.T)
        db2 = np.sum(dZ2, axis=1, keepdims=True)
```

```
        dZ1 = np.dot(W2.T, dZ2) * (1 - np.power(A1, 2))
        dW1 = np.dot(dZ1, X.T)
        db1 = np.sum(dZ1, axis=1, keepdims=True)
        grads = {"dW1": dW1,
                 "db1": db1,
                 "dW2": dW2,
                 "db2": db2}
        return grads
    #更新参数
    def update_para(parameters, grads, learning_rate):
        W1 = parameters["W1"]
        b1 = parameters["b1"]
        W2 = parameters["W2"]
        b2 = parameters["b2"]
        dW1 = grads["dW1"]
        db1 = grads["db1"]
        dW2 = grads["dW2"]
        db2 = grads["db2"]

        W1 = W1 - learning_rate * dW1
        b1 = b1 - learning_rate * db1
        W2 = W2 - learning_rate * dW2
        b2 = b2 - learning_rate * db2

        parameters = {"W1": W1,
                      "b1": b1,
                      "W2": W2,
                      "b2": b2}
        return parameters
```

第 8 步，定义 sigmoid()和 softmax()等. image2vector()的作用是将输入从 28 像素×28 像素的图像变成一个列向量，代码如下：

```
#定义 sigmoid()和 softmax()等
def sigmoid(x):
    s=1/(1+np.exp(-x))
    return s
def image2vector(image):
    v=np.reshape(image,[784,1])
    return v
def softmax(x):
    v=np.argmax(x)
    return v
```

第 9 步，综合前面各步骤内容定义网络结构并开始训练，设置训练次数为 50 000，结束后，打印训练结果. 代码如下：

```
if __name__ == '__main__':
        train_images = load_train_images()
        train_labels = load_train_labels()
        test_images = load_test_images()
        test_labels = load_test_labels()

        n_x=28*28
        n_h=32
        n_y=10
        parameters=initialize_with_zeros(n_x,n_h,n_y)
        for i in range(50000):
              img_train=train_images[i]
              label_train=np.zeros((10,1))
              l_rate=0.001
              if i>1000:
                   l_rate = l_rate *0.999
              label_train[int(train_labels[i])]=1
              imgvector=normalize_data(imgvector1)

              A2,cache=forward_propagation(imgvector,parameters)
              costl=costloss(A2,label_train,parameters)
              grads = back_propagation(parameters, cache, imgvector, label_train)
              parameters = update_para(parameters, grads, learning_rate = l_rate)

              print("cost after iteration %i:"%(i))
              print(costl)
        #预测 10 000 张测试集图片中被正确识别的图片数
        for i in range(10000):
              img_train=test_images[i]
              vector_image=normalize_data(image2vector(img_train))
              label_trainx=test_labels[i]
              aa2,xxx=forward_propagation(vector_image,parameters)
              predict_value=softmax(aa2)
              if predict_value==int(label_trainx):
                    predict_right_num= predict_right_num +1
        print(predict_right_num)
```

上面这段代码中，第一个 for 循环从 0 到 49 999，一共运行了 50 000 次，最后一次的运行结果 cost after iteration 49999:[[-0.05425066]]，说明在第 50 000 次运行后，代价为[-0.05425066]. 最后的 for 循环计算 10 000 张测试图片中被正确识别的图片数，运行结果为 9119，说明正确率为 91.19%.

4.8 本章小结

本章主要对深度神经网络的基本结构、前向传播算法和反向传播算法、常用的优化算法以及正则化方法等进行了介绍，使得读者对深度神经网络有基本的认识. 本章最后，通过带领读者实现对手写数字的识别，加深对本章所学知识的理解和运用.

4.9 习题

1. 简述 BP 算法的学习过程.

2. 利用 TensorFlow 实现一个具有异或功能的神经网络并完成训练与测试.

3. 构建一个神经网络，利用 MNIST 数据集测试同学自己手写的数字，简述其实现过程并说明如何提高其识别准确率.

05 chapter

卷积神经网络

卷积神经网络是一种包含卷积运算的神经网络，专门用于处理具有类似网格结构的数据，例如，时间序列数据（可以看作在固定时间间隔内抽取样本的一维网格）和图像数据（可以看作像素的二维网格）. 卷积神经网络在诸多应用领域特别是图像相关的领域表现优异，诸如目标检测、图像分类、图像语义分割等计算机视觉问题. 此外，通过与其他技术相结合，卷积神经网络还可以用于实现游戏智能体、语音识别和机器翻译软件等各种应用系统.

本章首先简要回顾卷积神经网络的发展历程，然后通过卷积层（Convolutional Layer）、池化层（Pooling Layer）、全连接层（Fully Connected Layer）讲解卷积神经网络的内部结构，接着介绍经典的卷积神经网络结构，最后的案例应用通过 YOLO（You Only Look Once）网络结构实现目标检测. 在本章中，读者将学习到卷积神经网络的基本概念和基本结构；卷积层、池化层和全连接层的结构和作用；经典的卷积神经网络结构以及编程应用卷积神经网络的方法.

5.1 卷积神经网络的发展历程

1959 年，加拿大神经科学家戴维·休布尔（David Hubel）和托斯坦·威塞尔（Torsten Wiesel）提出了猫的初级视皮层中单个神经元的“感受野”（Receptive Field）的概念，紧接着于 1962 年发现了猫的视觉中枢里存在感受野、双目视觉和其他功能结构. 1979 年，日本科学家福岛邦彦（Kunihiko Fukushima）在“感受野”概念的基础上，模拟生物视觉系统并提出了一种层级化的多层人工神经网络，即“神经认知”（Neurocognition）模型. 该模型被认为是卷积神经网络的第一个实现网络. 1998 年，杨立昆等人将卷积层和下采样层相结合，设计了卷积神经网络的主要结构，形成了现代卷积神经网络的雏形（LeNet）. 2012 年，亚历克斯·克里泽夫斯基（Alex Krizhevsky）等人采用 ReLU 作为激活函数提出了 AlexNet，在 ImageNet 竞赛中取得了优异成绩. AlexNet 的提出成为深度学习发展史上的重要拐点，卷积神经网络的发展取得了历史性的突破.

卷积神经网络的基本结构包括输入层、隐藏层和输出层，其中隐藏层又包括卷积层、池化层和全连接层. 本章 5.2 节～5.4 节将对卷积层、池化层和全连接层分别做详细介绍.

5.2 卷积层

本节主要介绍卷积神经网络中的卷积层. 卷积层的工作主要是特征的提取，首先从输入提取一些低级特征，如边缘、角和曲线等，然后将低级特征输出到后续网络，经过若干卷积层的计算，最终从低级特征中迭代提取出更高级和复杂的特征.

5.2.1 为什么使用卷积

在图像处理这种输入数据量较大的应用场景下，如果只使用全连接的神经网络，参数数量将十分庞大，容易出现性能瓶颈、过拟合等问题. 卷积神经网络在处理图像等具有网格结构的数据时则展现出强大的性能. 卷积的两个主要优势在于：稀疏连接（Sparse Connectivity）和参数共享（Parameter Sharing）.

假设输入是一幅 1000 像素×1000 像素的图像，如果下一个隐藏层的神经元数目为 10^6，使用全连接的话则有 $1000\times1000\times10^6=10^{12}$ 个参数，这将会花费巨大的计算资源去训练参数. 然而图像的空间联系是局部的，同时人也是通过一个局部的“感受野”感受外界图像的，因此，每个神经元不需要感受全局图像，只需要感受局部的图像区域. 假设隐藏层中的每个神经元仅与图像中 10 像素×10 像素的局部图像相连接，由于隐藏层有 10^6 个神经元，那么此时的参数数量变为 $10\times10\times10^6=10^8$ 个，直接减少了 4 个数量级，这就是稀疏连接的作用.

尽管减少了几个数量级，但是参数的数量仍然较多. 如何进一步减少参数呢？答案是参数共享. 隐藏层的一个神经元对应一个 10×10 的“感受野”，假如所有的神经元共享同一个“感受野”，那么参数就仅仅只有 10×10 个. 事实上，卷积层中的卷积核（Convolution Kernel）正充当着共享“感受野”的角色. 一个卷积核提取一个特定的图像特征，想要得到图像的多个特征，只需要使用多个卷积核. 假设“感受野”即卷积核的大小仍是 10×10，使用 100 个卷积核即可提取 100 个特征，网络所需要训练的参数数量为 $10\times10\times100=10^4$ 个，大大减少了参数数量，能够有效地避免过拟合.

5.2.2 卷积运算

卷积是分析数学中一种重要的运算. 在卷积神经网络中，通常仅涉及离散卷积的情形，即对矩阵进行卷积运算.

假设输入是一张单通道的灰度图，图像的尺寸为 5 像素×5 像素，输入可视为图 5-1（a）所示的矩阵. 对应的卷积核（也称过滤器）为一个 3×3 的矩阵，如图 5-1（b）所示.

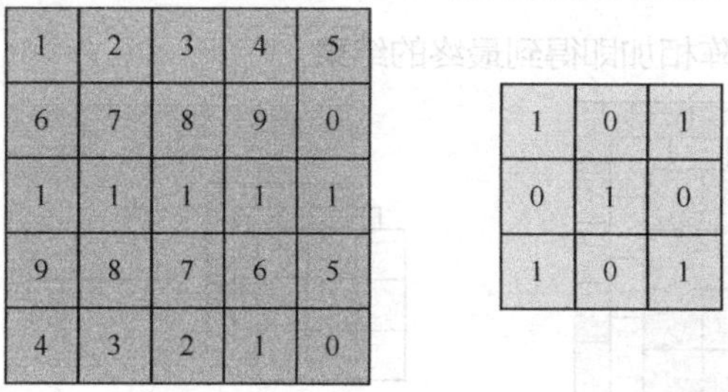

（a）输入数据　　（b）对应的卷积核

图 5-1　输入数据和对应的卷积核

假定进行卷积操作时，每做一次卷积，卷积核移动一个像素位置，对输入图像进行一次完整的卷积操作的流程为在输入图像上从左到右、从上到下地移动卷积核. 每次移动，将卷积核中的参数与输入图像对应位置的像素值逐位相乘再相加. 具体地，第一次卷积计算，卷积核从图像的左上角开始滑动，卷积的结果为 $1\times1+2\times0+3\times1+6\times0+7\times1+8\times0+1\times1+1\times0+1\times1=13$，如图 5-2（a）所示. 如图 5-2（b）至图 5-2（d）所示，卷积核继续在输入图像中移动，直至图像右下角，最终输出大小为 3×3 的特征图（Feature Map），作为下一层操作的输入.

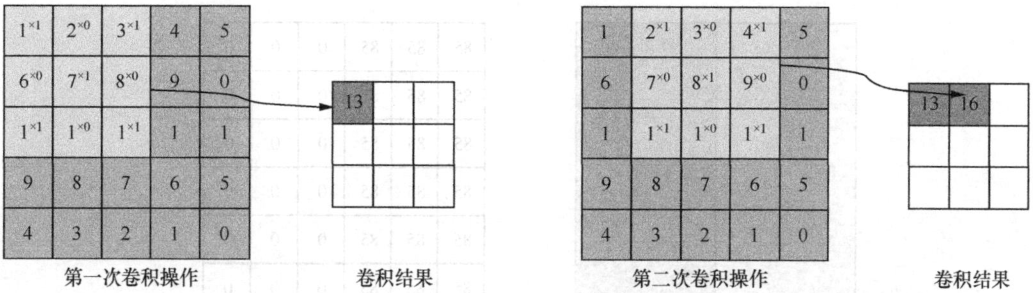

（a）第一次卷积操作及卷积结果　　（b）第二次卷积操作及卷积结果

图 5-2　卷积操作示例

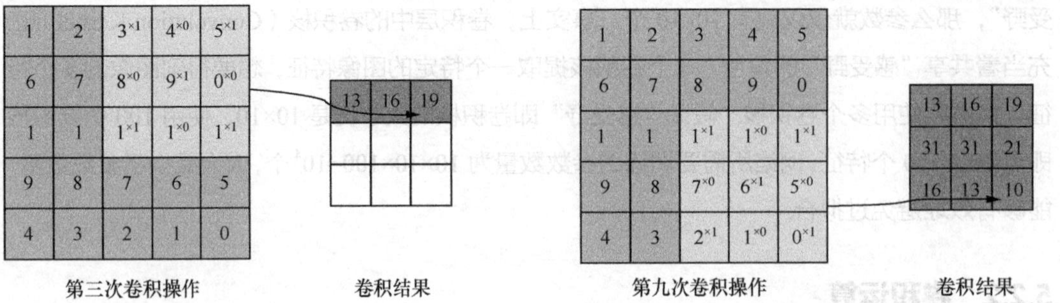

(c) 第三次卷积操作及卷积结果　　(d) 第九次卷积操作及卷积结果

图 5-2　卷积操作示例（续）

类似地，若输入是三通道的彩色图，图像的尺寸为 5 像素×5 像素，则输入可视为图 5-3 左侧的 5×5×3 的矩阵. 对应的卷积核为一个 3×3×3 的矩阵，如图 5-3 中间所示. 进行卷积操作时，卷积核中 3 个 3×3 的矩阵分别在输入图像对应的通道上进行卷积运算，得到 3 个 3×3 的特征矩阵，将这 3 个矩阵相加即得到最终的结果.

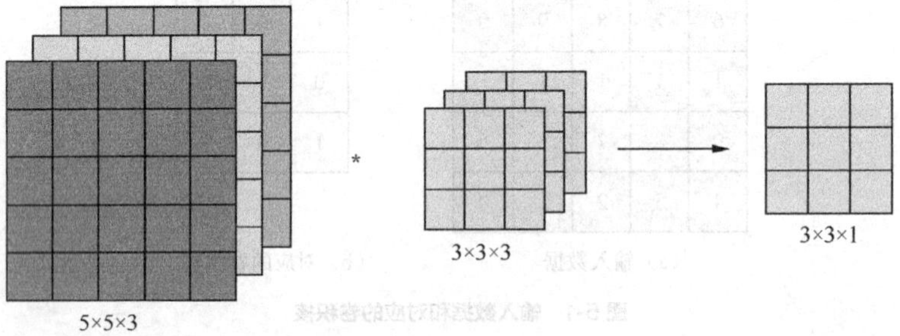

图 5-3　彩色图的卷积

5.2.3 卷积核

在本节的一开始，我们提及卷积层的工作主要是特征的提取，那么卷积层到底是如何实现对输入的特征提取的呢？

简便起见，我们输入一张单通道的灰度图，图像的左侧较亮，右侧较暗，如图 5-4（a）所示. 我们可以很明显地看到图像的中间有一条垂直的边缘线段. 假设图像的尺寸为 6 像素×6 像素，把其视为图 5-4（b）所示的矩阵.

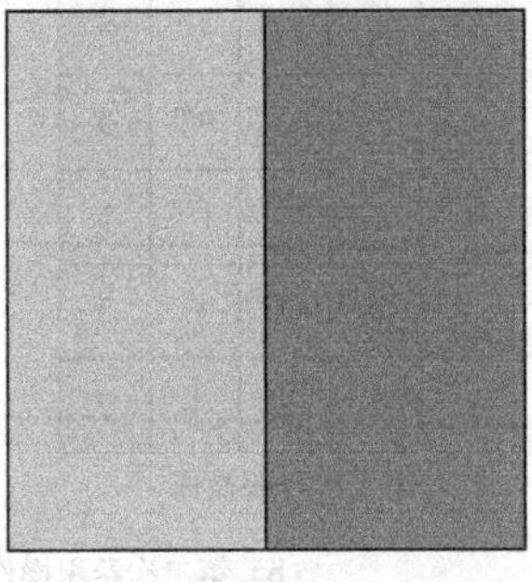

(a) 输入图像

85	85	85	0	0	0
85	85	85	0	0	0
85	85	85	0	0	0
85	85	85	0	0	0
85	85	85	0	0	0
85	85	85	0	0	0

(b) 输入图像的矩阵

图 5-4　输入图像和输入图像的矩阵

使用的卷积核为一个 3×3 的矩阵，如图 5-5（a）所示. 对输入图像进行卷积操作后得到的矩阵如图 5-5（b）所示. 同样地，矩阵中的数值代表图像的亮度，数值越大，对应像素的亮度越强. 卷积操作后得到的矩阵对应的图像如图 5-5（c）所示.

1	0	−1
1	0	−1
1	0	−1

（a）卷积核

0	255	255	0
0	255	255	0
0	255	255	0
0	255	255	0

（b）卷积操作后得到的矩阵

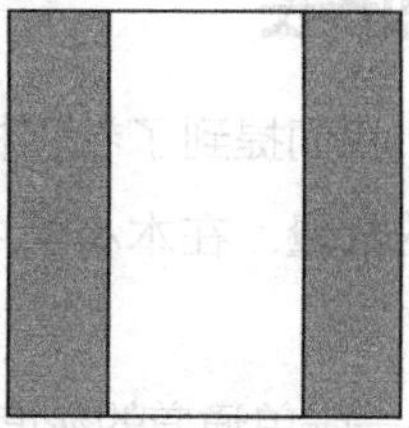

（c）卷积操作后得到的矩阵对应的图像

图 5-5 卷积核和卷积后的矩阵及图像

由图 5-5 可见，通过使用这个卷积核，我们很好地得到输入图像中间的垂直边缘这一特征. 事实上，卷积神经网络正是通过设置和调整卷积核的参数来获取输入的特征的.

进一步，对于输入的图像，我们不仅仅想要得到图像中垂直边缘的特征，还想要得到更多的特征，如水平边缘、边角、弧线等. 这个时候应该怎么办呢？

答案是增加卷积核的个数. 在前文中，我们对输入为 5 像素×5 像素的三通道彩色图使用了一个 3×3×3 的卷积核进行卷积操作，得到了一个 3×3×1 的输出矩阵. 这一次，我们增加一个卷积核，使用两个不同的卷积核对输入图像进行卷积操作，得到两个 3×3×1 的输出矩阵，如图 5-6 所示.

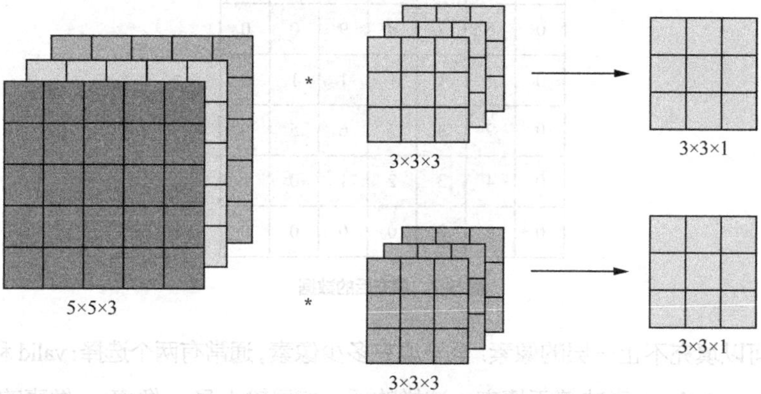

图 5-6 使用两个卷积核进行卷积操作

此时，对于网络的下一层，输入变成 3×3×2 的矩阵. 对于原始的输入数据，通道数为 3，这个很好理解，因为彩色图有 RGB 3 个通道，经过一次卷积操作后，数据的通道变为 2. 这个应该如何理解呢？假设第一个卷积核用于提取原始图像中垂直边缘的特征，第二个卷积核用于提取原始图像中水平边缘的特征，卷积操作后得到的数据的通道数 2，对应着这一卷积层提取到的特征数. 进一步，我们想在垂直边缘和水平边缘这两个特征的基础上提取出更高级的特征，应该怎么做呢？很简单，只需要把得到的 3×3×2 的矩阵作为输入，传递给下一个卷积层. 值得注意的是，此时，对于新的卷积层，输入的特征图的通道数为 2，使用的卷积核的通道数需对应为 2，而使用的卷积核的个数则取决于想提取的更高级特征的数量.

5.2.4 填充和步长

在前文中，我们提到了卷积核个数这一个超参数的设置主要取决于我们想从输入中提取的高级特征的数量．在本小节中，我们会讲到卷积神经网络中两个常用的参数：填充和步长.

假设输入是一张单通道的灰度图，图像的尺寸为 32 像素×32 像素，将输入视为 32×32×1 的矩阵．使用 3×3 的卷积核对其进行卷积操作．完成一次卷积操作即通过一个卷积层后，图像的尺寸变为（32−3+1）像素×（32−3+1）像素，即 30 像素×30 像素．再通过一个卷积层后，图像的尺寸变为 28 像素×28 像素．以此类推，原始的输入图像经过若干卷积层后，图像的尺寸将变得非常小，这是一个问题．另一个问题是，在卷积核移动的过程中，图像边缘的像素点参与的卷积运算远少于图像内部的像素点，导致图像边缘的大部分信息丢失．为了解决这两个问题，采取的方法是在卷积操作之前沿着图像的边缘再填充一层像素，填充的像素值全为 0，如图 5-7 所示．填充后，矩阵由原来的 5×5 变为 7×7．此时，再使用 3×3 的卷积核进行卷积操作，得到的矩阵仍为 5×5，这样就保持了图像尺寸不变.

0	0	0	0	0	0	0
0	1	2	3	4	5	0
0	6	7	8	9	0	0
0	1	1	1	1	1	0
0	9	8	7	6	5	0
0	4	3	2	1	0	0
0	0	0	0	0	0	0

图 5-7　填充后的数据

当然，也可以填充不止一层的像素．至于填充多少像素，通常有两个选择：valid 和 same．valid 卷积（valid Convolution）意味着不填充．这样的话，如果输入是 n 像素×n 像素的图像，用一个 $f\times f$ 的卷积核卷积，那么得到的输出是$(n-f+1)\times(n-f+1)$的特征图．另一个常用的填充方式是 same 卷积（same Convolution）．使用 same 卷积，意味着填充后输出和输入的大小是相同的．如果输入是 n 像素×n 像素的图像，当填充 p 个像素后，n 就变成了 $n+2p$．根据 $n+2p-f+1=n$ 便可计算需填充的个数 p 的值.

卷积神经网络中的步长指的是在一次卷积操作完成后，卷积核在输入图上移动的距离．假设输入是 5 像素×5 像素的图像，卷积核大小为 3×3，使用 valid 卷积，步长为 2，那么卷积操作和结果如图 5-8 所示.

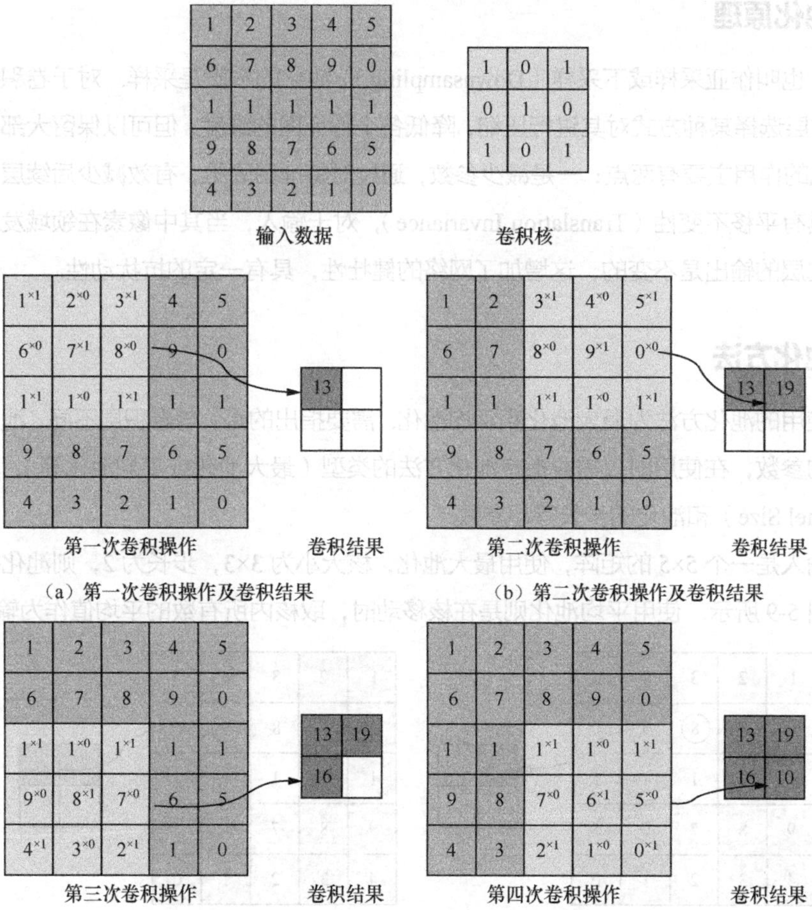

（a）第一次卷积操作及卷积结果 （b）第二次卷积操作及卷积结果

（c）第三次卷积操作及卷积结果 （d）第四次卷积操作及卷积结果

图 5-8 步长为 2 的卷积操作及卷积结果

5.2.5 激活函数

在使用卷积核对输入进行卷积运算得到特征图之后，往往需要使用激活函数对特征图进行激活. 这是因为，卷积运算得到的特征图实际上是输入的线性函数，如果不用激活函数，那么不论网络有多少层，输出始终是输入的线性组合.

常用的激活函数有 sigmoid、tanh、ReLU、Leaky ReLU 等. 其中，ReLU 因为具有计算速度快、能减轻梯度消失等优势，常常作为卷积神经网络激活函数的首选. 一般将激活后的特征图作为卷积层的输出，传递给后续网络层.

5.3 池化层

本节介绍卷积神经网络中的池化层. 除了卷积层，卷积神经网络经常使用池化层进一步降低网络训练参数，缩减模型大小，提高计算速度，同时提高所提取特征的健壮性.

5.3.1 池化原理

池化，也叫作亚采样或下采样（Downsampling），池化的本质是采样. 对于卷积得到的特征图，池化层选择某种方式对其进行压缩，降低各个特征图的维度，但可以保留大部分重要的信息. 池化的作用主要有两点：一是减少参数，通过对特征图降维，有效减少后续层需要的参数；二是具有平移不变性（Translation Invariance），对于输入，当其中像素在领域发生微小位移时，池化层的输出是不变的，这增加了网络的健壮性，具有一定的抗扰动性.

5.3.2 池化方法

通常使用的池化方法为最大池化和平均池化. 需要指出的是，与卷积层不同，池化层没有需要学习的参数，在使用时仅需要指定池化方法的类型（最大池化或平均池化等）、池化的核大小（Kernel Size）和池化的步长等超参数.

假设输入是一个 5×5 的矩阵，使用最大池化，核大小为 3×3，步长为 2，则池化操作及池化结果如图 5-9 所示. 使用平均池化则是在核移动时，取核内所有数的平均值作为输出.

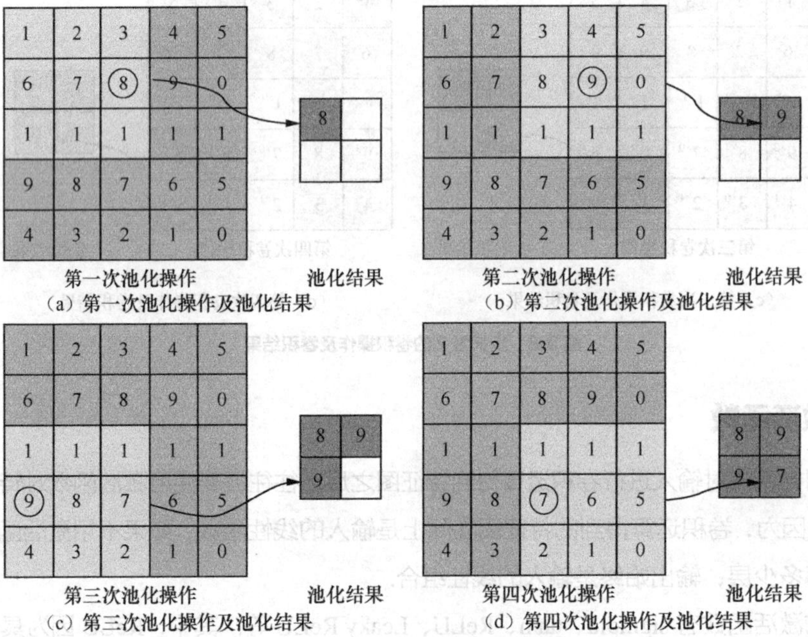

图 5-9 最大池化操作及池化结果

5.4 全连接层

本节介绍卷积神经网络中的全连接层. 输入经过卷积层、激活函数和池化层的操作后，得到的输出是卷积神经网络学习到的关于原始数据的高级特征. 全连接层的作用是，将学到的特征表示映射到样本的标记空间.

下面以一个简单的卷积神经网络为例，展示数据从输入到输出的完整流程，如图 5-10 所示（其中，f、s、c 分别代表卷积核/池化核的大小、步长、卷积核个数）. 假设输入是一个 32×32×3 的立方体（我们可以把输入数据看成宽和高均为 32、深度为 3 的立方体）. 首先经过一个卷积层，卷积核的大小为 5×5，数量为 6，采用 valid 卷积，步长为 1，经过激活函数激活后得到特征图是 28×28×6 的立方体. 接着经过一个池化层，使用最大池化，核大小为 2×2，步长为 2，输出 14×14×6 的立方体. 然后经过第二个卷积层，卷积核的大小为 5×5，数量为 16，采用 valid 卷积，步长为 1，经过激活函数激活后得到特征图是 10×10×16 的立方体. 再经过第二个池化层，使用最大池化，核大小为 2×2，步长为 2，输出 5×5×16 的立方体. 此时，网络提取到的是 16 个 5×5 的二维特征图，一共 5×5×16=400 个点. 将由 16 个二维特征图组成的立方体扁平化（flatten）成一维的矩阵，再与一个包含 120 个神经元的全连接层连接. 得到的输出继续与一个包含 84 个神经元的全连接层连接，最后将数据传递给 softmax 函数进行分类与识别.

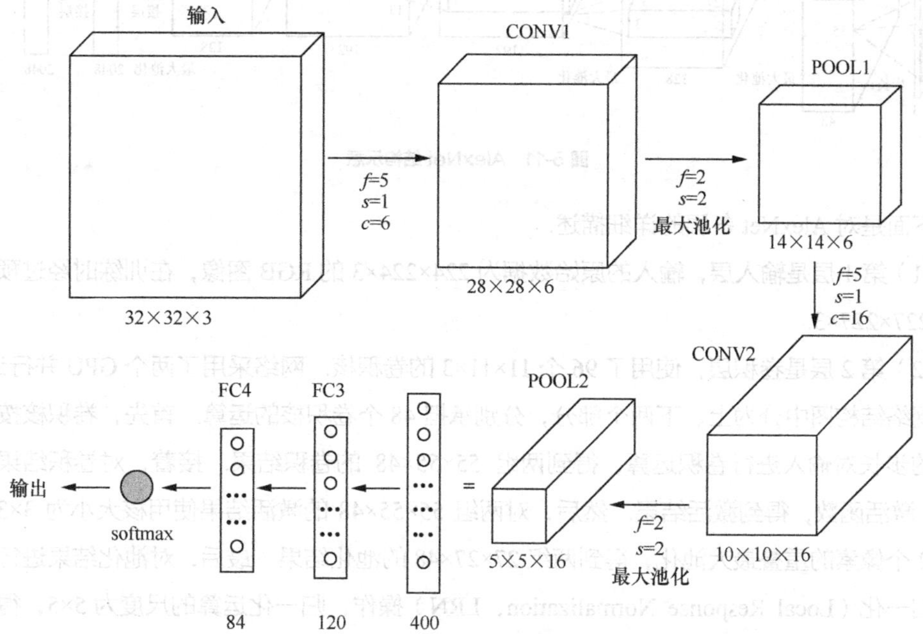

图 5-10　简单卷积神经网络示例

一般地，卷积层可简写为 CONV，池化层可简写为 POOL，全连接层可简写为 FC. 卷积神经网络常见的模式为 CONV（一个或若干）—POOL—CONV（一个或若干）—POOL—…—FC—FC—……—softmax.

5.5 经典的卷积神经网络结构

在介绍完卷积神经网络的基础结构之后，本节将着重介绍 AlexNet、VGGNet、ResNet、

YOLO 等经典的卷积神经网络结构．希望读者通过对本节的学习，对卷积神经网络有更好的理解，从而提高解决现实问题的能力．

5.5.1 AlexNet

2012 年，亚历克斯等人在 ImageNet 竞赛中以超越第二名 10.9 个百分点的优异成绩获得冠军，使得卷积神经网络和深度学习受到学术界和工业界的广泛关注．AlexNet 是计算机视觉中首个被广泛关注和使用的卷积神经网络，是深度学习发展史上的突破性成果．

AlexNet 结构示意如图 5-11 所示．

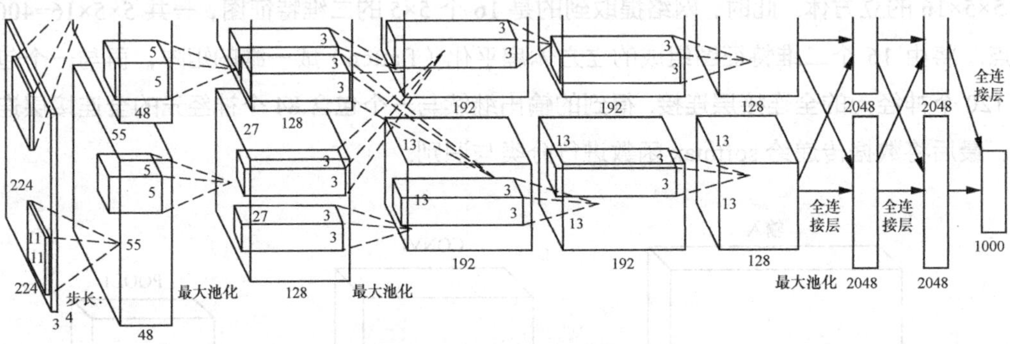

图 5-11 AlexNet 结构示意

下面是对 AlexNet 各层的详细描述．

（1）第 1 层是输入层，输入的原始数据为 224×224×3 的 RGB 图像，在训练时经过预处理变为 227×227×3．

（2）第 2 层是卷积层，使用了 96 个 11×11×3 的卷积核．网络采用了两个 GPU 并行运算，因此网络结构图中分为上、下两个部分，分别承担 48 个卷积核的运算．首先，卷积核按 4 个像素的步长对输入进行卷积运算，得到两组 55×55×48 的卷积结果．接着，对卷积结果使用 ReLU 激活函数，得到激活结果．然后，对两组 55×55×48 的激活结果使用核大小为 3×3、步长为 2 个像素的重叠最大池化，得到两组 27×27×48 的池化结果．最后，对池化结果进行局部响应归一化（Local Response Normalization，LRN）操作，归一化运算的尺度为 5×5，得到两组 27×27×48 的归一化结果．

（3）第 3 层是卷积层，使用了 256 个 5×5×48 的卷积核．与第 2 层卷积层相同，首先，将卷积核平均分为两组，按 1 个像素的步长对第 2 层的归一化结果进行卷积运算，采用 same 卷积，得到两组 27×27×128 的卷积结果．接着，对卷积结果使用 ReLU 激活函数，得到激活结果．然后，对两组 27×27×128 的激活结果使用核大小为 3×3、步长为 2 个像素的重叠最大池化，得到两组 13×13×128 的池化结果．最后，对池化结果进行局部响应归一化操作，归一化运算的尺度为 5×5，得到两组 13×13×128 的归一化结果．

（4）第 4 层是卷积层，使用了 384 个 3×3×256 的卷积核．首先，将卷积核平均分为两组，按 1 个像素的步长对第 3 层的归一化结果进行卷积运算，采用 same 卷积，得到两组 13×13×192

的卷积结果. 接着，对卷积结果使用 ReLU 激活函数，得到激活结果.

（5）第 5 层是卷积层，使用了 384 个 3×3×192 的卷积核. 首先，将卷积核平均分为两组，按 1 个像素的步长对第 4 层的激活结果进行卷积运算，采用 same 卷积，得到两组 13×13×192 的卷积结果. 接着，对卷积结果使用 ReLU 激活函数，得到激活结果.

（6）第 6 层是卷积层，使用了 256 个 3×3×192 的卷积核. 首先，将卷积核平均分为两组，按 1 个像素的步长对第 5 层的激活结果进行卷积运算，采用 same 卷积，得到两组 13×13×128 的卷积结果. 接着，对卷积结果使用 ReLU 激活函数，得到激活结果. 然后，对两组 13×13×128 的激活结果使用核大小为 3×3、步长为 2 个像素的重叠最大池化，得到两组 6×6×128 的池化结果.

（7）第 7 层是全连接层，使用了 4096 个 6×6×256 的卷积核，对第 6 层的池化结果进行卷积运算. 由于卷积核的尺寸与输入特征图的尺寸相同，卷积核中的每个系数与特征图中的每个像素一一对应，因此该层被称为全连接层. 卷积后得到结果为 4096×1×1，接着对卷积结果使用 ReLU 激活函数，得到激活结果. 然后，对激活结果进行概率为 0.5 的 Dropout（丢失输出）操作，得到 Dropout 结果.

（8）第 8 层是全连接层，使用了 4096 个神经元. 首先，将神经元平均分为两组，对第 7 层的 Dropout 结果进行全连接处理，得到全连接结果. 接着，对全连接结果使用 ReLU 激活函数，得到激活结果. 然后，对激活结果进行概率为 0.5 的 Dropout 操作，得到 Dropout 结果.

（9）最后一层是 1000 路的 softmax 输出层，用来产生一个覆盖 1000 类的标签分布.

与之前提出的 LeNet 相比，AlexNet 有很大改进. 在 AlexNet 之前，神经网络一般选择 sigmoid 或 tanh 作为激活函数. 这类函数在自变量非常大或者非常小时，函数输出基本不变. 为了提高训练速度，AlexNet 使用 ReLU(x)=max(0,x). ReLU 利用分片线性结构实现了非线性的表达能力，梯度消失现象相对较弱，有助于训练更深的网络. 同时，AlexNet 使用两个 GPU 来提升训练速度，分别放置一半卷积核，并限制某些层之间进行 GPU 通信，而 LeNet 没有使用 GPU. AlexNet 约有 6000 万个参数，远远多于 LeNet 的参数. AlexNet 使用了数据增强、重叠池化（Overlap Pooling）、局部响应归一化、Dropout 等技巧来减少过拟合和降低错误率.

5.5.2 VGGNet

VGGNet 是由英国牛津大学研究组视觉几何组（Visual Geometry Group，VGG）和 Google DeepMind 公司研究员一起研发的，在 2014 年 ImageNet 竞赛的定位任务中赢得冠军，分类任务中赢得亚军. 随着深度学习研究的发展，卷积神经网络的结构开始不断加深. VGGNet 详尽地评估了网络深度带来的影响，证明了网络的深度对于性能提升的作用.

VGGNet 一共有 6 种不同的网络结构，如图 5-12 所示. 每种结构都包含 5 组卷积，每组卷积都使用 3×3 的卷积核，卷积后进行一个 2×2 的最大池化，然后连接 3 个全连接层，最后连接 softmax 输出层. VGGNet 最明显的改进就是降低了卷积核的大小，增加了卷积的层数. 同时，在卷积结构中，VGGNet 引入 1×1 的卷积核，在不影响输入和输出维度的情况下，为模型引入更多的非线性.

ConvNet Configuration					
A	A-LRN	B	C	D	E
11 weight layers	11 weight layers	13 weight layers	16 weight layers	16 weight layers	19 weight layers
input(224×224 RGB image)					
conv3-64	conv3-64 LRN	conv3-64 **conv3-64**	conv3-64 conv3-64	conv3-64 conv3-64	conv3-64 conv3-64
maxpool					
conv3-128	conv3-128	conv3-128 **conv3-128**	conv3-128 conv3-128	conv3-128 conv3-128	conv3-128 conv3-128
maxpool					
conv3-256 conv3-256	conv3-256 conv3-256	conv3-256 **conv3-256**	conv3-256 conv3-256 **conv1-256**	conv3-256 conv3-256 **conv3-256**	conv3-256 conv3-256 conv3-256 **conv3-256**
maxpool					
conv3-512 conv3-512	conv3-512 conv3-512	conv3-512 **conv3-512**	conv3-512 conv3-512 **conv1-512**	conv3-512 conv3-512 **conv3-512**	conv3-512 conv3-512 conv3-512 **conv3-512**
maxpool					
conv3-512 conv3-512	conv3-512 conv3-512	conv3-512 **conv3-512**	conv3-512 conv3-512 **conv1-512**	conv3-512 conv3-512 **conv3-512**	conv3-512 conv3-512 conv3-512 **conv3-512**
maxpool					
FC-4096					
FC-4096					
FC-1000					
softmax					

图 5-12　VGGNet 的网络结构

VGGNet 具有良好的泛化性，迁移到其他图像数据上仍有不错的表现. 使用 VGGNet 训练后的模型参数，相当于提供了非常好的初始化权重. 下面以 VGGNet 的代表 VGG-16 为例进行介绍. 图 5-13 展示了 VGG-16 网络示意，表 5-1 列出了其每层的具体参数信息（注：其中“*f*”为卷积核/池化核的大小，“*s*”为步长，“*c*”为该层卷积核个数，“*p*”为填充参数）.

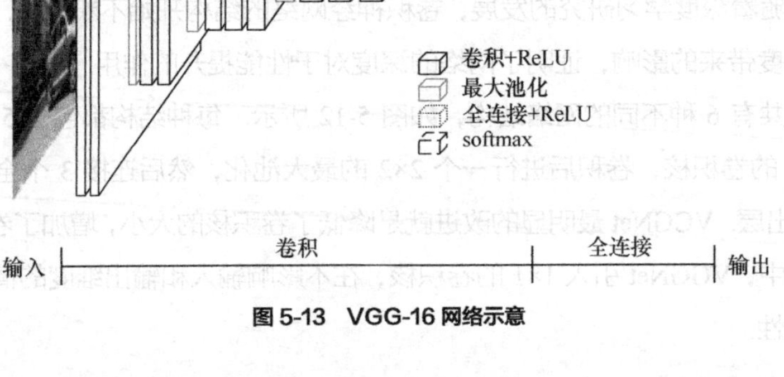

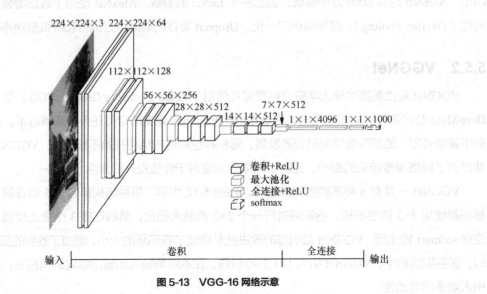

图 5-13　VGG-16 网络示意

表 5-1　VGG-16 每层的具体参数信息

层数	操作类型	参数信息	输入数据维度	输出数据维度
1	卷积	$f=3; p=1; s=1; c=64$	224×224×3	224×224×64
	ReLU	—	224×224×64	224×224×64
2	卷积	$f=3; p=1; s=1; c=64$	224×224×64	224×224×64
	ReLU	—	224×224×64	224×224×64
	最大池化	$f=2; s=2$	224×224×64	112×112×64
3	卷积	$f=3; p=1; s=1; c=128$	112×112×64	112×112×128
	ReLU	—	112×112×128	112×112×128
4	卷积	$f=3; p=1; s=1; c=128$	112×112×128	112×112×128
	ReLU	—	112×112×128	112×112×128
	最大池化	$f=2; s=2$	112×112×128	56×56×128
5	卷积	$f=3; p=1; s=1; c=256$	56×56×128	56×56×256
	ReLU	—	56×56×256	56×56×256
6	卷积	$f=3; p=1; s=1; c=256$	56×56×256	56×56×256
	ReLU	—	56×56×256	56×56×256
7	卷积	$f=3; p=1; s=1; c=256$	56×56×256	56×56×256
	ReLU	—	56×56×256	56×56×256
	最大池化	$f=2; s=2$	56×56×256	28×28×256
8	卷积	$f=3; p=1; s=1; c=512$	28×28×256	28×28×512
	ReLU	—	28×28×512	28×28×512
9	卷积	$f=3; p=1; s=1; c=512$	28×28×512	28×28×512
	ReLU	—	28×28×512	28×28×512
10	卷积	$f=3; p=1; s=1; c=512$	28×28×512	28×28×512
	ReLU	—	28×28×512	28×28×512
	最大池化	$f=2; s=2$	28×28×512	14×14×512
11	卷积	$f=3; p=1; s=1; c=512$	14×14×512	14×14×512
	ReLU	—	14×14×512	14×14×512
12	卷积	$f=3; p=1; s=1; c=512$	14×14×512	14×14×512
	ReLU	—	14×14×512	14×14×512
13	卷积	$f=3; p=1; s=1; c=512$	14×14×512	14×14×512
	ReLU	—	14×14×512	14×14×512
	最大池化	$f=2; s=2$	14×14×512	7×7×512
14	全连接	$f=7; s=1; c=4096$	7×7×512	1×1×4096
	ReLU	—	1×1×4096	1×1×4096
	Dropout	$\delta=0.5$	1×1×4096	1×1×4096

续表

层数	操作类型	参数信息	输入数据维度	输出数据维度
15	全连接	$f=1; s=1; c=4096$	1×1×4096	1×1×4096
	ReLU	—	1×1×4096	1×1×4096
	Dropout	$\delta=0.5$	1×1×4096	1×1×4096
16	全连接	$f=1; s=1; c=4096$	1×1×4096	1×1×1000
	softmax	—	1×1×1000	—

5.5.3 ResNet

自 AlexNet 出现以后，卷积神经网络的结构不断往纵深化方向发展. 直观上，层次结构越深的网络似乎具备越好的完成任务的能力. 然而事实上，随着网络深度的增加，“梯度消失”/“梯度爆炸”问题使得训练变得越来越困难，训练得到的错误率反而在上升.

一种有效的解决方案是引入跨层连接（Skip Connection）或捷径连接（Shortcut Connection）. 标准的卷积神经网络一般由卷积层、池化层和全连接层组成，每层只能与相邻层相连，这限制了数据只能在网络中顺序传递. 引入跨层连接的网络模型允许网络中的每层与非相邻层相连，既能从前面任意层接收输入，又能把该层的输出传递给后面的任意非相邻层.

残差网络（Residual Network，ResNet）是一个引入了跨层连接的、优秀的网络模型. 2015 年，Microsoft 亚洲研究院的何恺明等人使用 ResNet 参加了当年的 ImageNet 竞赛，一举斩获图像分类、检测、定位三项的冠军，其相关论文也被评为 CVPR 2016 的最佳论文.

假设在神经网络的某一模块中，输入为 x，期望的输出为 $H(x)$. 所谓残差就是期望值 $H(x)$ 与输入值 x 的差值，即 $F(x)=H(x)-x$. 计算时，通过捷径连接将 x 和 $F(x)$ 一同传入 ReLU 激活函数得到输出 $H(x)$. 这样的一个模块称为残差模块（Residual Block），如图 5-14 所示.

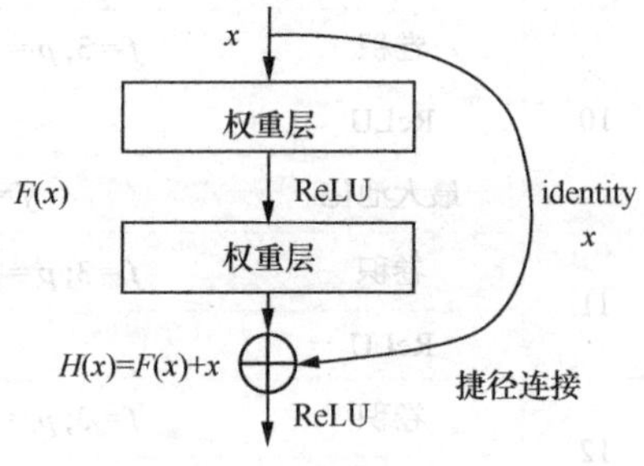

图 5-14 残差模块

这样，我们将期望的学习特征由 $H(x)$变成 $F(x)=H(x)-x$，这是因为，残差学习相比原始特征直接学习更容易. 当残差为 $F(x)=0$ 时，此时模块仅仅做了恒等映射，输出 $H(x)=x$，使得添加残差模块后的网络性能至少不会下降，而实际上一般残差不会为 0，这也会使得模块在输入特征基础上学习到新的特征. 引入残差模块后，更深层的网络模型相较于对应的浅层网络模型，附加的层能够构成恒等映射，因此不会比浅层网络模型有更大的训练误差. 残差模块使得神经网络的层数可以达到几十层、几百层甚至上千层，为高级语义特征提取和分类提供了可行性. 图 5-15 所示为 34 层的深度残差网络结构.

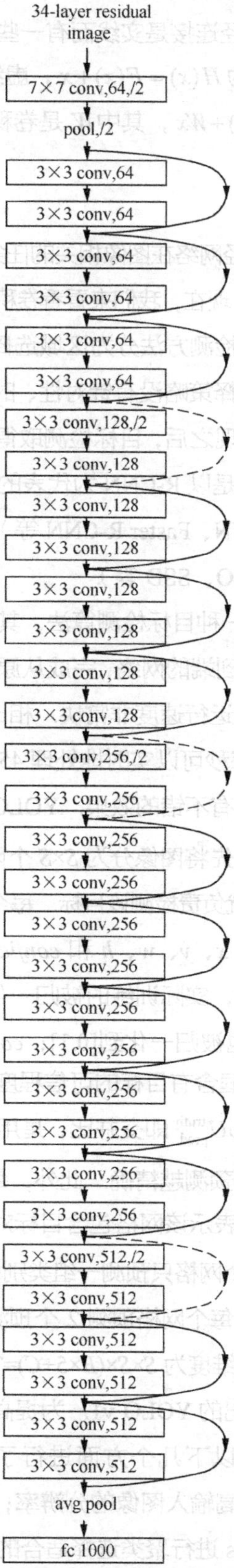

图 5-15　34 层的深度残差网络结构

从图 5-15 可以看到，有一些捷径连接是实线而有一些是虚线. 实线的捷径连接表示 x 和 $F(x)$ 的通道相同，采用的计算方式为 $H(x)=F(x)+x$；虚线的捷径连接表示 x 和 $F(x)$ 的通道不同，采用的计算方式为 $H(x)=F(x)+Wx$，其中 W 是卷积操作，用来调整 x 的维度.

5.5.4 YOLO

在本章的一开始就提及，卷积神经网络在图像相关的任务上表现优异. 前文讲到的卷积神经网络结构，主要解决图像分类的任务. 现在，我们来看看卷积神经网络在目标检测任务上的应用.

深度学习出现之前，传统的目标检测方法分为区域选择、特征提取和分类器 3 个部分. 存在的问题主要有两方面：一是区域选择策略没有针对性、时间复杂度高，窗口冗余；二是手工设计的特征健壮性较差. 深度学习出现之后，目标检测取得了巨大的突破. 基于深度学习算法的目标检测可大致分为两大流派：一是以 R-CNN 为代表的基于候选区域的深度学习目标检测算法（R-CNN、SPP-NET、Fast R-CNN、Faster R-CNN 等）；二是以 YOLO 为代表的基于回归方法的深度学习目标检测算法（YOLO、SSD 等）.

YOLO 是在 CVPR 2016 提出的一种目标检测算法，其核心思想是将目标检测转化为回归问题求解. YOLO 基于一个单独的端到端的网络，完成从原始图像的输入到物体位置和类别的输出. 作为一种统一结构，YOLO 的运行速度非常快. 相比于 Fast R-CNN 的 0.5 帧/s、Faster R-CNN 的 7 帧/s，基准 YOLO 模型每秒可以实时地处理 45 帧图像. 同时，YOLO 的泛化能力强，在训练领域外的图像上运行依然有不错的效果. YOLO 网络模型和结构如图 5-16 所示.

YOLO 的检测流程大致如下. 首先将图像分为 $S×S$ 个网格（Grid Cell），如果一个目标的中心落在这个网格中，那么这个网格就负责检测该目标. 每个网格要预测 B 个预测框（Bounding Box），每个预测框包含 5 个预测值：x、y、w、h 和 *confidence*. 其中，x、y 表示预测框的中心位置相对于当前网格的位置偏移量，实际训练时被归一化到[0,1]；w、h 表示预测框相对于整幅图像的比例系数，实际训练时也被归一化到[0,1]；*confidence* 是置信度，形式地定义为 $Pr(Object)\times IoU_{\text{pred}}^{\text{truth}}$，反映一个预测框含有目标的可信程度和精确程度有多大，若预测框包含目标，则 $Pr(Object)$=1，否则为 0，$IoU_{\text{pred}}^{\text{truth}}$ 即交并比，是用预测框和实际框的交集除以预测框和实际框的并集，交并比越大，说明预测越精确. 此外，每个网格还要预测 C 个条件类别概率 $Pr(Class_i \mid Object)$，这些条件概率表示该网格包含目标对象的概率，由于数据集中数据是 C 类，所以需要预测 C 个条件概率. 每个网格只预测一组类别概率，与预测框个数及大小无关. 如果将输入图像分为 7×7 网格（S=7），每个网格预测 2 个预测框（B=2），数据集中数据有 20 类（C=20），那么网络最终的输出是一个维度为 $S×S×(B×5+C)$=7×7×(2×5+20)=7×7×30 的张量.

以上介绍的是在 CVPR 2016 提出的 YOLO v1. 为提高物体定位准确度和召回率，YOLO 作者提出了 YOLO v2，它主要从以下几个方面进行了改进：在每个卷积层后加 Batch Normalization 层，去掉 Dropout；提高输入图像的分辨率；借鉴 Faster-RCNN 的 RPN 结构，使用多个 anchor box；对 anchor boxes 进行聚类选择适合的个数；抛弃了使用真实边框和 5 个 anchor boxes 边框偏移量计算方式，改为直接计算；借鉴 SSD 使用多尺度的特征图做检测，提出 pass through 层将高分辨率的特征图与低分辨率的特征图联系在一起，从而实现多尺度检测；多尺度训练；使用改善后的模型 Darknet-19，压缩参数.

YOLO9000 是在 YOLO v2 的基础上提出的一种联合训练方法，可以检测超过 9000 个类别的模型.

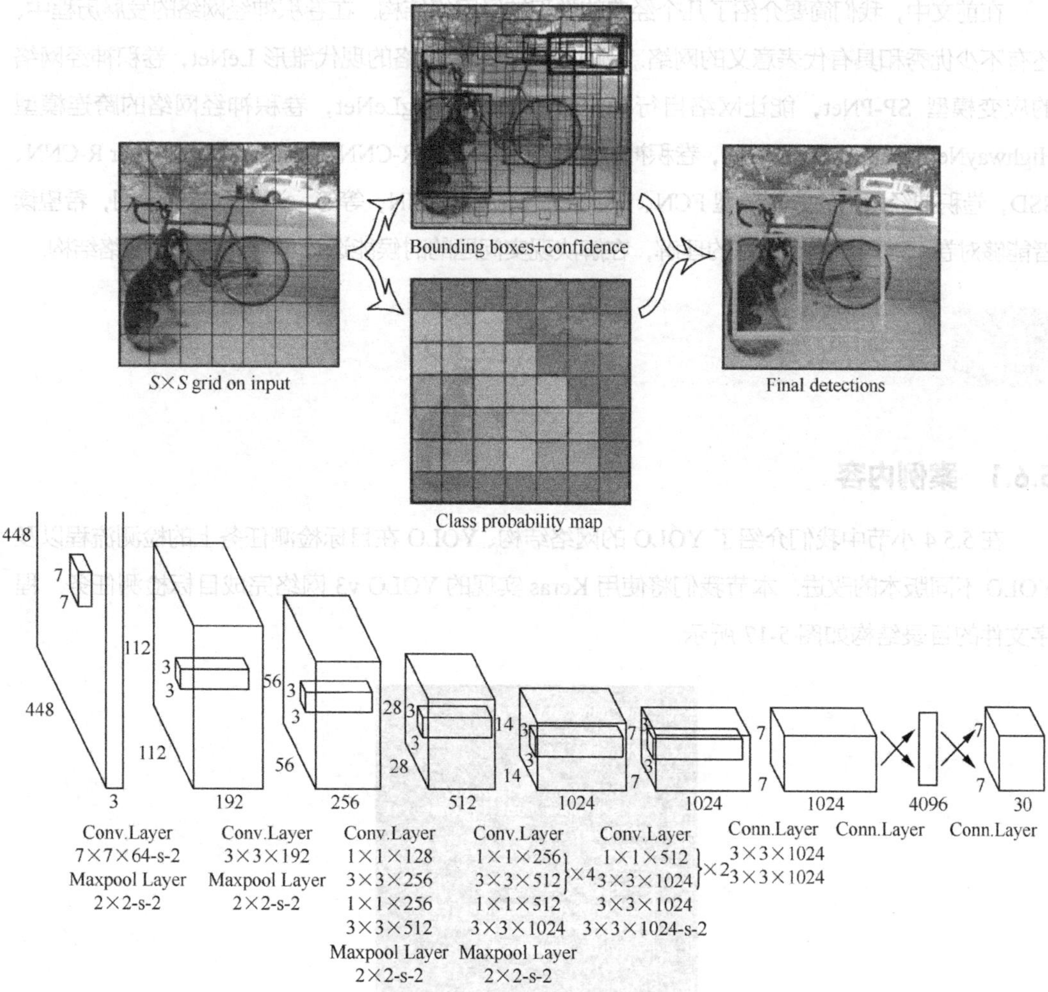

图 5-16　YOLO 网络模型和结构

到了 2018 年，YOLO 系列已经更新到第 3 个版本——YOLO v3. YOLO v3 结构里没有池化层和全连接层. 不同于 YOLO v2 采用最大池化在前向传播过程中改变张量的尺寸，YOLO v3 通过改变卷积核的步长来实现. 例如，步长为 2，一次卷积可将图像边长缩小一半. 在图像特征提取上，YOLO v3 采用了含有 53 个卷积的 Darknet-53 网络结构（YOLO v2 为 Darknet-19）. 由于网络结构的加深，YOLO 作者借鉴了 ResNet 的残差模块，在一些层之间设置了捷径链路以优化训练. YOLO v3 的改进还包括借鉴了特征金字塔网络（Feature Pyramid Network，FPN），可以输出 3 个不同尺度的特征图（13×13、26×26、52×52），采用多尺度来对不同尺度的目标进行检测. 同时，在损失函数上，YOLO 作者采用逻辑损失替换 YOLO v2 中的 softmax 损失. YOLO v3 的模型比之前的模型复杂了不少，可以通过改变模型结构的大小来权衡速度与精度. YOLO 系列一直在更新，目前已更新至 YOLO v5.

5.5.5 其他卷积神经网络结构

在前文中，我们简要介绍了几个经典的卷积神经网络结构. 在卷积神经网络的发展历程中，还有不少优秀和具有代表意义的网络. 例如，卷积神经网络的现代雏形 LeNet，卷积神经网络的应变模型 SP-PNet，能让网络自行确定超参数的 GoogLeNet，卷积神经网络的跨连模型 HighwayNet、DenseNet、CatNet，卷积神经网络的区域模型 R-CNN、Fast R-CNN、Faster R-CNN、SSD，卷积神经网络的分割模型 FCN、PSPNet、Mask R-CNN，等等. 通过本节的学习，希望读者能够对卷积神经网络有更好的理解，在解决现实问题的时候能选择更有针对性的网络结构.

5.6 案例应用

5.6.1 案例内容

在 5.5.4 小节中我们介绍了 YOLO 的网络结构、YOLO 在目标检测任务上的检测流程以及 YOLO 不同版本的改进. 本节我们将使用 Keras 实现的 YOLO v3 网络完成目标检测任务. 程序文件的目录结构如图 5-17 所示.

```
├── coco_annotation.py
├── convert.py
├── darknet53.cfg
├── font
│   ├── FiraMono-Medium.otf
│   └── SIL Open Font License.txt
├── kmeans.py
├── LICENSE
├── model_data
│   ├── coco_classes.txt
│   ├── tiny_yolo_anchors.txt
│   ├── voc_classes.txt
│   ├── yolo_anchors.txt
│   └── yolo.h5
├── README.md
├── train_bottleneck.py
├── train.py
├── voc_annotation.py
├── yolo3
│   ├── __init__.py
│   ├── model.py
│   └── utils.py
├── yolo.py
├── yolov3.cfg
├── yolov3-tiny.cfg
└── yolo_video.py
```

图 5-17 Keras YOLO v3 程序文件的目录结构

其中，font 文件夹中包含一些字体；model_data 文件夹中包含 COCO 数据集和 VOC 数据集的类别、相关的 anchors 文件；yolo3 文件夹中，model.py 主要实现了算法框架，utils.py 封装了实现过程中需要的功能；convert.py 用于将 Darknet 中 YOLO v3 的.cfg 模型文件与.weights

权重文件转化为 Keras 支持的.h5 文件，并存放于 model_data 文件夹；coco_annotation.py 和 voc_annotation.py 用于自己训练 COCO 以及 VOC 数据集时，生成对应的 annotation 文件；kmeans.py 用于获取数据集的全部 anchor box，通过 K-means 算法，将这些边界框的宽和高，聚类为 9 类，获取 9 个聚类中心，面积从小到大排列，作为 9 个 anchor box；train.py 用于训练自己的数据集；yolo.py 实现了主要的使用功能；yolo_video.py 是整个项目的入口文件，调用了 yolo.py 中的相关函数.

5.6.2 快速上手

首先，下载官方已经训练好的权重文件到项目根目录下. 在根目录下运行：

```
python convert.py yolov3.cfg yolov3.weights model_data/yolo.h5
```

将 Darknet 中 YOLO v3 的.cfg 模型文件与.weights 权重文件转化为 Keras 支持的.h5 文件，并存放于 model_data 文件夹. 在项目根目录下存放待检测的图像，运行：

```
python yolo_video.py --image
```

进入图像检测模式，输入待检测的图像名称，显示检测结果. 图像检测结果如图 5-18 所示. 当然也可以对视频进行检测，运行：

```
python yolo_video.py --input XXX
```

input 后的 XXX 为输入的待检测视频文件的路径.

图 5-18 图像检测结果

5.6.3 如何训练

在 5.6.2 小节中，我们介绍了如何使用官方训练好的权重文件以及配置文件快速地实现目标检测. 在本小节中，我们将介绍如何训练自己的数据集得到新的权重文件，实现对特定目标的检测.

1. 创建 VOC 文件目录

我们以 VOC 数据集为例介绍训练过程. 首先，需要在项目根目录下新建 VOCdevkit 文件夹用以存放数据集，目录结构如图 5-19 所示.

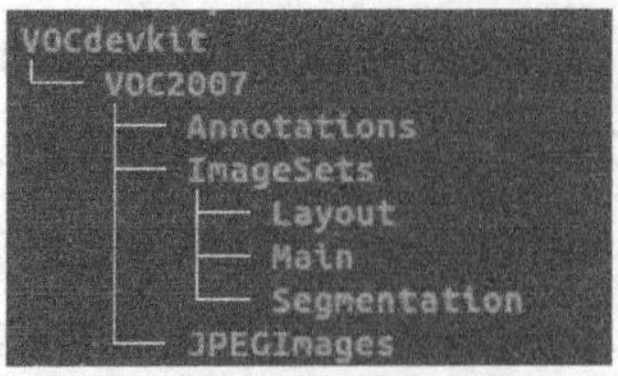

图 5-19　VOCdevkit 目录结构

其中，JPEGImages 文件夹存放的是训练图片和测试图片；Annotations 文件夹存放的是 XML 格式的标签文件，每个 XML 文件都对应 JPEGImages 文件夹中的一张图片；ImageSets 文件夹中，Main 文件夹用于存放训练集、测试集、验证集的文件列表，Segmentation 和 Layout 文件夹分别用于存放人的动作和人体部位的数据，这两个文件夹暂时用不上.

2. 制作数据集

在创建完 VOC 文件目录后，接下来的工作是将自己的数据集填到相应文件夹里. 对于 JPEGImages 文件夹，将训练和测试图片放进去即可. 对于 Annotations 文件夹，需要放入与 JPEGImages 文件夹中图片对应的 XML 文件. 推荐使用 LabelImg 对图片进行标注. 将保存路径设置为 Annotations 文件夹，标注完成后会自动生成图片信息的 XML 文件. 对于 ImageSets/Main 文件夹，需生成训练集、测试集、验证集的文件列表（train.txt、test.txt、val.txt、trainval.txt）. 在 VOC2007 文件夹下创建 test.py 文件，然后运行 python test.py. test.py 代码如下：

```
import os
import random

trainval_percent = 0.1
train_percent = 0.9
xmlfilepath = 'Annotations'
txtsavepath = 'ImageSets\Main'
total_xml = os.listdir(xmlfilepath)

num = len(total_xml)
list = range(num)
tv = int(num * trainval_percent)
tr = int(tv * train_percent)
trainval = random.sample(list, tv)
train = random.sample(trainval, tr)

ftrainval = open('ImageSets/Main/trainval.txt', 'w')
ftest = open('ImageSets/Main/test.txt', 'w')
ftrain = open('ImageSets/Main/train.txt', 'w')
```

```
fval = open('ImageSets/Main/val.txt', 'w')

for i in list:
        name = total_xml[i][:-4] + '\n'
        if i in trainval:
                ftrainval.write(name)
                if i in train:
                        ftest.write(name)
                else:
                        fval.write(name)
        else:
                ftrain.write(name)

ftrainval.close()
ftrain.close()
fval.close()
ftest.close()
```

3. 训练

制作完数据集以后，在训练之前，我们还需要修改一些文件：修改模型文件 yolo3.cfg. 打开 yolo3.cfg 文件，按 Ctrl+F 键搜索 yolo，总共会出现 3 个含有 yolo 的地方，如图 5-20 所示.

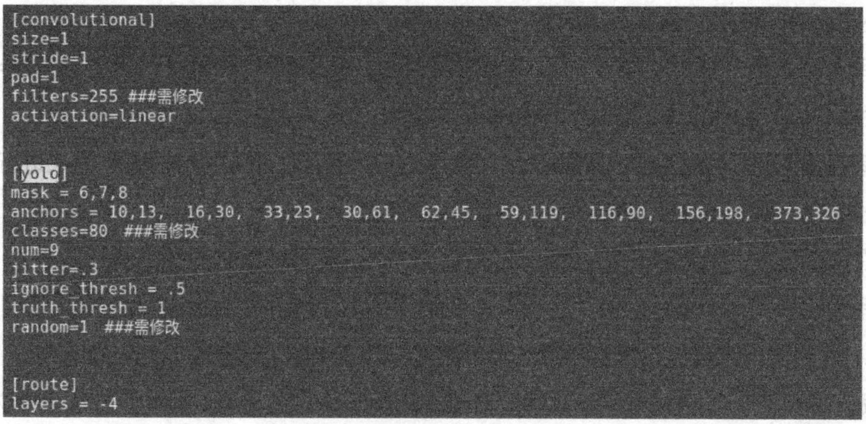

```
[convolutional]
size=1
stride=1
pad=1
filters=255 ###需修改
activation=linear


[yolo]
mask = 6,7,8
anchors = 10,13,  16,30,  33,23,  30,61,  62,45,  59,119,  116,90,  156,198,  373,326
classes=80  ###需修改
num=9
jitter=.3
ignore_thresh = .5
truth_thresh = 1
random=1  ###需修改


[route]
layers = -4
```

图 5-20 修改模型文件 yolo3.cfg

如图 5-20 所示，每个地方有 3 处需修改（图 5-20 中标注需修改处）：

```
filters=3×(5+len(classes));
classes=len(classes)(假设我们要检测汽车和行人这两类，此时classes=2);
random=0;
```

接下来修改 model_data 文件夹下的 voc_classes.txt. 因为需要检测汽车和行人，对应的类修改为 car 和 person. 同理，还需修改根目录下的 voc_annotation.py，也将 classes 修改为 car 和 person. 运行 python voc_annotation.py，会生成 2007_train.txt、2007_test.txt 和 2007_val.txt. 打开 train.py 文件，修改加载路径 annotation_path = 'VOCdevkit/VOC2007/ImageSets/Main/2007_train.txt'.

运行：

```
python convert.py -w yolov3.cfg yolov3.weights model_data/yolo_weights.h5
```

重新生成.h5 文件. 最后，运行 python train.py，开始训练.

5.7 本章小结

至此，我们完成了有关卷积神经网络的学习. 回顾本章，我们首先简要介绍了卷积神经网络的发展历程，然后根据卷积神经网络的结构讲解了卷积神经网络的卷积层、池化层和全连接层，接着介绍了几个经典的卷积神经网络结构，最后通过 YOLO v3 目标检测的案例结束本章. 我们希望读者经过本章的学习，对卷积神经网络有大致的认知和了解，在实际应用和解决问题时能拥有更开阔的思路和设计出更好的解决方案.

5.8 习题

1. 假设输入是一张 100 像素×100 像素的彩色图，使用包含 30 个神经元的全连接层对图像进行处理，请问该层包含多少个参数（包括偏置）？

2. 假设输入是一张 100 像素×100 像素的彩色图，使用包含 30 个大小为 5×5 的卷积核的卷积层对图像进行处理，请问该层包含多少个参数（包括偏置）？

3. 假设输入是一个 45×45×15 的张量，使用 20 个大小为 3×3 的卷积核对输入进行处理，卷积步长为 2，不进行填充. 请问输出张量的维度是多少？

4. 在第 3 题中，若卷积时进行填充，且填充为 2，请问输出张量的维度是多少？

5. 假设输入是一个 64×64×16 的张量，使用大小为 7×7 的卷积核对输入进行处理，卷积步长为 1. 若要输出张量保持维度不变，请问卷积核的个数和填充分别为多少？

6. 假设输入是一个 64×64×16 的张量，对输入进行最大池化处理，核大小为 2，步长为 2. 请问输出张量的维度是多少？

7. 卷积神经网络中稀疏连接的优点是什么？

8. 经典的卷积神经网络结构有哪些，分别有什么特点？

9. 结合案例应用中的内容，自己制作数据集，搭建训练目标检测模型，并优化模型.

chapter

循环神经网络

本章将主要介绍循环神经网络，包括循环神经网络的基本概念、双向循环神经网络、编码-解码结构、长短期记忆网络和实际应用案例等.

6.1 循环神经网络概述

第 5 章介绍了现在广泛使用的一类神经网络——卷积神经网络. 本章将继续介绍另外一类深度神经网络——循环神经网络（Recurrent Neural Network，RNN）. RNN 的本质特征是在处理单元之间既有内部的反馈连接又有前馈连接. 从系统观点看，它是一个反馈动力系统，在计算过程中体现过程动态特性，比前馈神经网络具有更强的动态行为和计算能力.

1982 年，霍普菲尔德（Hopfield）发明霍普菲尔德神经网络（Hopfield Network），提出神经网络的记忆功能. 霍普菲尔德神经网络是一个包含外部记忆的 RNN，其内部所有节点都相互连接，并使用能量函数进行学习. 由于霍普菲尔德神经网络使用二元节点，即这些单元只能接受两个不同的值，因此在推广至序列数据时受到了限制，但该工作受到了学术界的广泛关注，并启发了其后的 RNN 研究.

1986 年，迈克尔 • I.若尔当（Michael I.Jordan）基于霍普菲尔德神经网络结合存储的概念，在分布式并行处理理论下建立了新的循环神经网络，即 Jordan 网络. Jordan 网络的每个隐藏层节点都与一个“状态单元”相连以实现延时输入，并使用 sigmoid 函数作为激活函数. Jordan 网络使用 BP 算法进行学习，并在测试中成功提取了给定音节的语音学特征. 之后在 1990 年，杰弗里 • 埃尔曼（Jeffrey Elman）提出了第一个全连接的循环神经网络，即 Elman 网络. Jordan 网络和 Elman 网络是最早出现的面向序列数据的循环神经网络，由于二者都从单层前馈神经网络出发构建闭合回路，因此也被称为简单循环网络（Simple Recurrent Network，SRN）.

在 SRN 出现的同一时期，RNN 的学习理论也得到发展. 在 BP 算法的研究受到关注后，学术界开始尝试在 BP 框架下对 RNN 进行训练. 1989 年，罗纳德 • 威廉斯（Ronald Williams）和 David Zipser 提出了 RNN 实时循环学习（Real-Time Recurrent Learning，RTRL）. 随后 Paul J.Werbos 在 1990 年提出了 RNN 的随时间反向传播（Back Propagation Through Time，BPTT）. RTRL 和 BPTT 被沿用至今，是 RNN 进行学习的主要方法.

在 RNN 处于发展中期（1990—2010 年）的 1991 年，Sepp Hochreiter 发现了 RNN 的长期依赖问题，即在对序列进行学习时，RNN 会出现梯度消失和梯度爆炸现象. 为解决长期依赖问题，大量优化理论得到引入并衍生出许多改进算法，包括神经历史压缩器（Neural History Compressor，NHC）、长短期记忆网络（LSTM 网络）、门控循环单元（Gated Recurrent Unit，GRU）网络、回声状态网络（Echo State Network）、独立 RNN（Independent RNN）等. 在应用方面，SRN 自诞生之初就被应用于语音识别任务，但表现并不理想，因此在 20 世纪 90 年代早期，有研究尝试将 SRN 与其他概率模型（例如隐马尔可夫模型）相结合以提升其可用性. 双向 RNN（Bidirectional RNN，Bi-RNN）和双向 LSTM 的出现提升了 RNN 对自然语言处理的能力. 此后，除 LSTM 还在继续发展外，RNN 基本从主流研究中消失了.

当前（2010 年至今），随着深度学习方法的成熟、数值计算能力的提升以及各类特征学习技术的出现，拥有复杂构筑的深度循环神经网络（Deep RNN，DRNN）开始在自然语言处理中展现出优势，并成为语音识别、语言建模等应用的重要算法.

在详细介绍 RNN 前，我们先来读一句诗："床前明月光，疑是地上霜."这句诗大家都背过，不出意外，大家应该很容易脱口而出. 虽然大家对这句诗很熟悉，但大家能倒背如流吗？请你再把它逆序念出来. "霜上地是疑，光月明前床."是不是感觉有点难呢？这就说明，对于预测，顺序排列是很重要的. 我们可以预测下一个按照一定顺序排列的字，但是打乱顺序，就没办法分析自己到底在说什么了.

RNN 的目的是处理序列数据. 其核心思想是：样本间存在顺序关系，每个样本和它之前（之后也可能存在关联，那就是双向 RNN）的样本存在关联. 通过神经网络在时序上的展开，能够找到样本之间的序列相关性. 在传统的神经网络模型如前馈神经网络和卷积神经网络中，它们的前提假设都是：元素之间是相互独立的，输入与输出也是独立的，从输入层到隐藏层再到输出层，层与层之间是全连接的，每层之间的节点是无连接的. 它们接收一个固定尺寸的向量作为输入，并且产生一个固定尺寸的向量作为输出. 想象现在有一组序列数据 data0、data1、data2、data3. 当预测 Result0 的时候，基于 data0. 同样，在预测其他数据的时候，也都只是基于单个的数据. 每次使用的神经网络都是同一个神经网络，如图 6-1 所示.

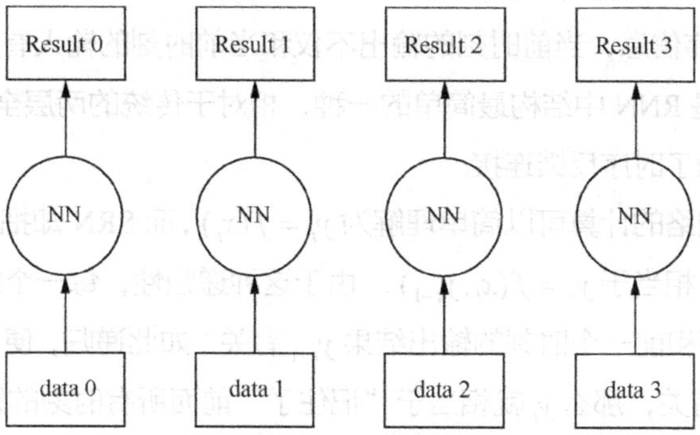

图 6-1　简单传统神经网络

不过，有时这些数据是有关联、有顺序的，就像刚才那句诗，"床前明月光"变成"光月明前床"，诗意完全不对了. 所以，普通的神经网络结构并不能了解这些数据之间的关联. 这就导致传统神经网络对很多问题无能为力，在自然语言处理中碰到巨大困难. 例如，对于刚才那句诗，单独理解诗中每个字的意思也难以得到全诗的意思，需要处理这些字连接起来的整个序列；当处理视频的时候，也不能只单独分析每一帧，而要分析这些帧连接起来的整个序列. 那么如何让数据间的关联也被神经网络加以分析呢？最基本的方式就是记住之前发生的事情. RNN 之所以被称为循环神经网路，是因为一个序列当前的输出不仅与当前输入相关，还与之前的输入相关. 具体的表现形式为网络会对前面的信息进行记忆并应用于当前输出的计算中，即隐藏层之间的节点不再是无连接的，而是有连接的，并且隐藏层的输入不仅包括输入层的输出，还包括上一时刻隐藏层的输出，记为 h_i，如图 6-2 所示.

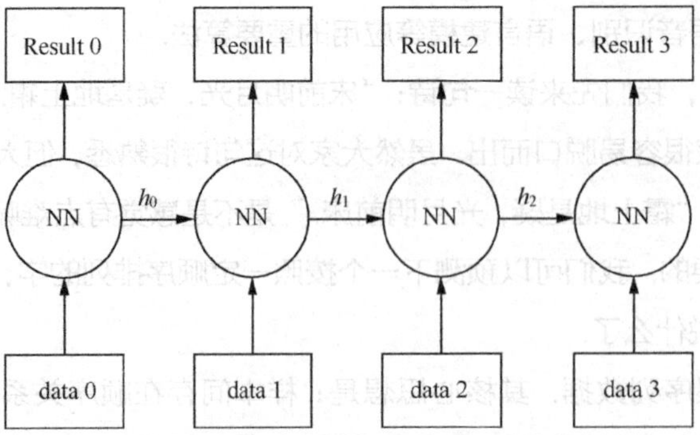

图 6-2　简单的 RNN 模型

理论上，RNN 能够对任何长度的序列数据进行处理．但是在实践中，为了降低复杂度，往往假设当前的状态只与前面的几个状态相关．如果当前的状态需要与长距离的状态相关，就要用到 LSTM 网络，后面会详细介绍．

6.2 简单循环神经网络

先来看一个非常简单的循环神经网络．Elman 网络是最早的循环神经网络，其又称为 SRN．SRN 考虑了时序信息，当前时刻的输出不仅和当前时刻的输入有关，还和前面所有时刻的输入有关．SRN 是 RNN 中结构最简单的一种，相对于传统的两层全连接前馈神经网络，它仅仅在全连接层添加了时序反馈连接．

以前的深度神经网络的计算可以简单理解为 $y_t = f(x_t)$，而 SRN 却把上一个时刻的结果也当作输入放入模型中，相当于 $y_t = f(x_t, y_{t-1})$．由于这种递归性，每一个结果 y_t 不仅仅和自身的当前输入 x_t 有关，还和前一个时刻的输出结果 y_{t-1} 有关．如此递归，便认为 y_t 和以前所有的输入 $x_t, x_{t-1}, x_{t-2}, \cdots$ 都有关，那么 y_t 就相当于“记住了”前面所有时刻的输入变量．图 6-2 所示是一个简单的 RNN 模型，图 6-3 所示的等号左边为 SRN 的折叠图，右边为 SRN 的展开图，它由输入层、隐藏层和输出层组成．

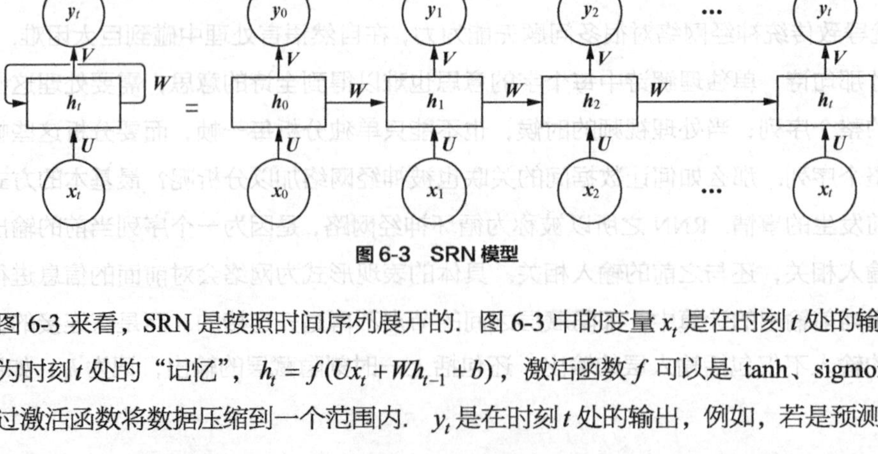

图 6-3　SRN 模型

从图 6-3 来看，SRN 是按照时间序列展开的．图 6-3 中的变量 x_t 是在时刻 t 处的输入，h_t 可理解为时刻 t 处的“记忆”，$h_t = f(Ux_t + Wh_{t-1} + b)$，激活函数 f 可以是 tanh、sigmoid 等函数，通过激活函数将数据压缩到一个范围内．y_t 是在时刻 t 处的输出，例如，若是预测下一个词，y_t可能是 softmax 输出的属于每个候选词的概率，即 $y_t = \text{softmax} Vh_t$．这里 h_t 已经把 x_t 合并了，所以 y_t 的公式里只有 h_t．

对于 RNN，可以把隐状态 h_t 视为“记忆体”，捕捉之前时间点上的信息．输出 y_t 由当前时间及之前所有“记忆”共同计算得到．但由于 h_t 是一个有限的矩阵，对于之前的信息并不能完全捕捉到，随着时间变长，其对于之前的“记忆”也会“变淡”．SRN 不同于 DNN 与 CNN，这里的 SRN 整个神经网络都在共享一组参数(U, V, W)，这样极大地减小了需要训练的参数．

6.3 双向循环神经网络

简单循环神经网络是经典的 RNN 模型，它只关心当前的输入和之前的“记忆”，但有些情况下，当前的输入不只依赖于之前的序列元素，还依赖于后面的序列元素．例如，我们看一部电视剧，要判断某个角色是正派还是反派，有时很难基于之前的记忆做出准确的判断，这时就需要看后面剧情的发展才能判断这个角色是正派还是反派．对于这样的应用场景需要知道后面的数据才能更好地预测当前的状态，所以为了解决这一类问题，引入了双向 RNN．双向 RNN 考虑到了前后的“记忆”，能够更好地关联到前后的信息．双向 RNN 结合了一个时间上从序列起点开始移动的 RNN 和另一个时间上从序列末尾开始移动的 RNN，例子如下．

我肚子____，我要去看医生．

我肚子____，我要去吃饭．

我们来预测横线上可能填的词．如果建立简单循环神经网络进行预测，只读入“我肚子”，计算机完全不懂应该填什么．如果加入反向的 RNN，计算机就会知道第一个横线上可能要填的是“痛”“不舒服”等，第二个横线上可能要填的是“饿了”．

双向 RNN 的模型结构如图 6-4 所示．

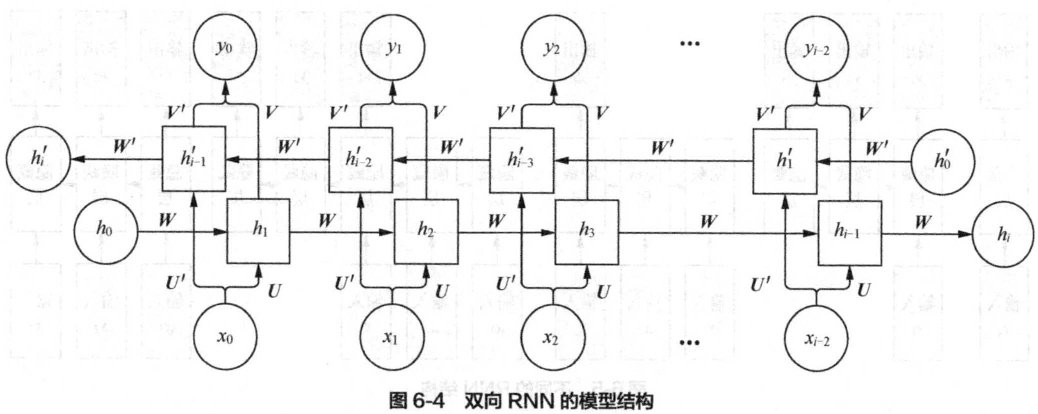

图 6-4 双向 RNN 的模型结构

其表达式如下：

$$h_i = f(Ux_i + Wh_{i-1} + b) ,$$

$$h'_i = f(Ux'_i + W'h'_{i-1} + b')\text{，}$$

$$y_{t-1} = g(Vh_{i-t} + V'h'_t)\text{.}$$

正向计算时，隐藏层的值 h_i 与 h_{i-1} 有关；反向计算时，隐藏层的值 h'_i 与 h'_{i-1} 有关；最终的输出取决于正向和反向计算的加权和. 从上面 3 个公式可以看到，正向计算和反向计算不共享权重，也就是说 U 和 U'、W 和 W''、V 和 V'都是不同的权重矩阵. 也就是说，双向 RNN 与简单循环神经网络相比要存储双倍的权重矩阵，训练开销也要双倍.

6.4 基于编码-解码的序列到序列结构

本节将介绍一种有趣的基于编码-解码的序列到序列结构（Encoder-Decoder Sequence-to-Sequence Architecture）. 这种结构由于它的特性，有着更为广泛的应用.

6.4.1 序列到序列结构

在介绍基于编码-解码的序列到序列结构之前，我们需要先把注意力集中到 RNN 的结构上. 如图 6-5 所示，根据输入与输出序列数量的不同，RNN 可以分为多种不同的结构.

（1）一对一结构，由一个输入得到一个输出；

（2）一对多结构，由一个输入得到一系列输出；

（3）多对一结构，由一系列输入得到一个输出；

（4）多对多结构，由一系列输入得到一系列输出，输入与输出的数量不一定相同；

（5）同步的多对多结构，同样由一系列输入得到一系列输出，但区别于多对多结构，它的每个输入都对应着一个输出，因此输入与输出的数量是相同的.

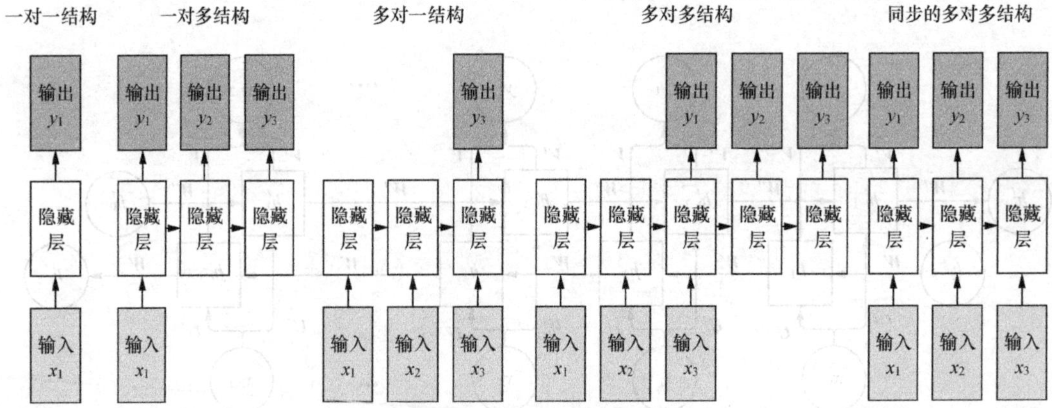

图 6-5 不同的 RNN 结构

每种网络结构对应着不同的使用场景，在本节中，我们将着重介绍第 4 种结构——输入与输出不等长的多对多结构，即所谓序列到序列（Sequence-to-Sequence）结构.

当输入与输出不再受到序列等长的限制时，这种 RNN 模型就能在诸多场景中发挥作用，例如文本摘要、人机问答、语音识别、机器翻译等.

6.4.2 编码-解码结构

现在我们对序列到序列结构已经有了一定的了解，那么编码-解码（Encoder-Decoder）结构又是什么呢？

序列到序列结构属于编码-解码结构的一种. 编码-解码结构的基本思想是将两个 RNN 分别作为编码器和解码器，如图 6-6 所示，这样的结构在给定输入序列 $x_1,x_2,\cdots,x_m$ 时学习生成输出序列 $y_1,y_2,\cdots,y_n$.

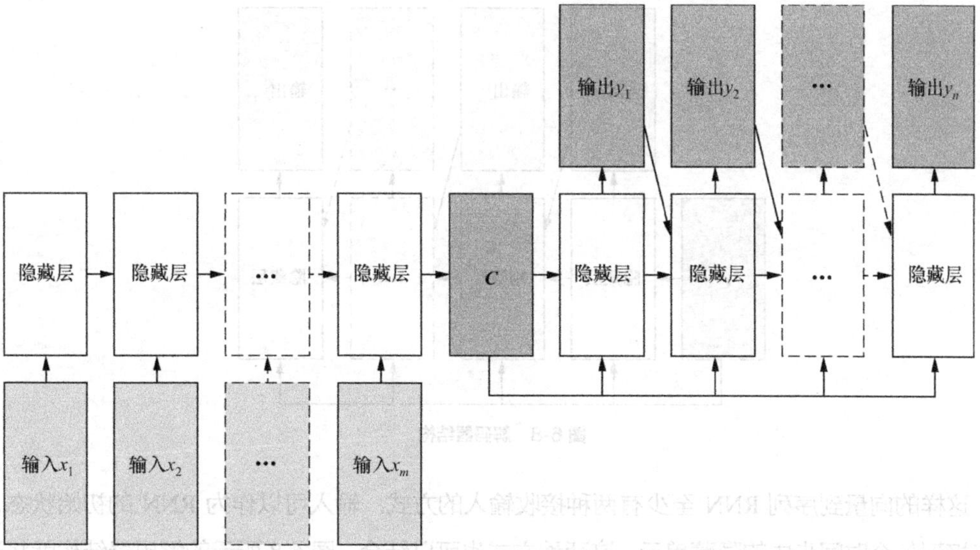

图 6-6 一种基于编码-解码的序列到序列结构

作为编码器的 RNN 将输入的序列压缩成定长向量或向量序列，压缩后的结果通常称为 $\boldsymbol{C}$ ，可以看作输入序列的语义，整个压缩过程称为编码；作为解码器的 RNN 将编码器最终得到的 $\boldsymbol{C}$ 作为初始输入，通过学习后生成指定输出序列，整个解压缩过程称为解码.

编码器是一个隐藏单元间存在循环连接、读取整个输入序列后产生单个或数量远少于输入序列长度的输出的 RNN，如图 6-7 所示. 为了便于理解，这里我们主要讨论产生单个输出的情况. 由于读取了整个序列之后才产生一个输出，这样的网络可以将输入的序列进行概括并映射成固定大小的向量表示. 例如，输入的 $x_1,x_2,\cdots,x_m$ 为一个句子， x_i 与 x_{i+1} 是句子中连续的两个字，通过这个网络，能将这个句子压缩成一个包含整个句子语义的向量. 这种特性恰好能够用于构造编码器.

在编码器中，隐藏层的每个隐藏单元根据 $h_t = f(h_{t-1},x_t)$ 进行更新，其中激活函数 f 可以是 sigmoid、tanh、ReLU 等. 最终将最后一个隐藏单元进行处理得到定长向量 $\boldsymbol{C}$.

而解码器部分，若编码器最终得到的 $\boldsymbol{C}$ 是一个语义向量，可以用单个向量 $\boldsymbol{x}$ 作为输入（$\boldsymbol{x}=\boldsymbol{C}$）并对其产生的序列输出的 RNN 进行构造，如图 6-8 所示.

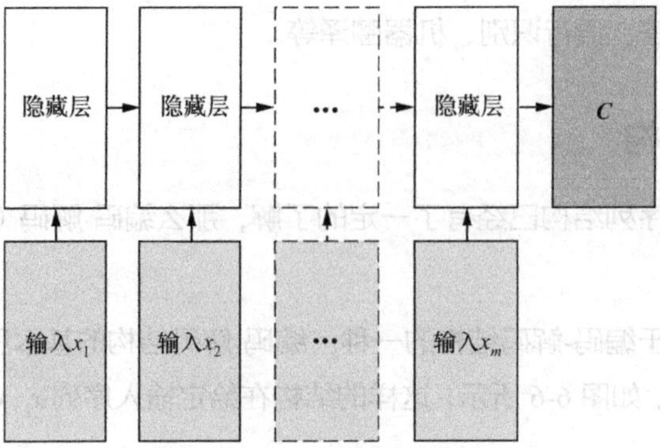

图 6-7　编码器结构

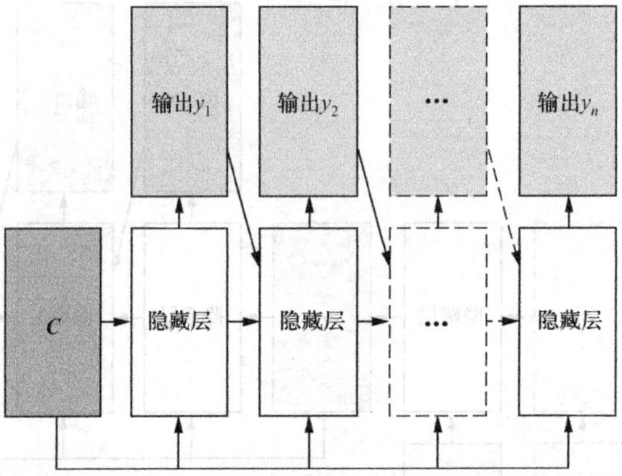

图 6-8　解码器结构

这样的向量到序列 RNN 至少有两种接收输入的方式．输入可以作为 RNN 的初始状态，或连接到每个时间步中的隐藏单元．这两种方式也可以结合．图 6-8 所示的解码器结构就将这两种方式进行了结合，把单个输入向量 $\boldsymbol{C}$ 作为 RNN 的初始状态，并且通过引入新的权重矩阵参数化后的乘积作为每个时刻的额外输入．

事实上，这样的结构存在一个问题，编码器 RNN 输出的语义向量 $\boldsymbol{C}$ 的维度太小而难以适当地概括一个长序列．有人提出让 $\boldsymbol{C}$ 成为可变长度的序列，而不是一个固定大小的向量．此外，还有人引入了将序列 $\boldsymbol{C}$ 的元素和输出序列的元素相关联的注意力机制（Attention Mechanism）．

6.4.3　目标函数

不同的编码-解码模型的结构存在着差异，但是在训练的核心思想上却是大同小异的．RNN 是通过学习概率分布进行预测的，因此一般使用 softmax 作为输出层的激活函数，得到每个分类的概率，选取可能性最高的分类进行输出．解码器在 t_y 时刻的隐藏层状态 h_{t_y} 由上一个隐藏层状态 h_{t_y-1}、上一个输出 y_{t_y-1} 和语义向量 $\boldsymbol{C}$ 决定：$h_{t_y}=f(h_{t_y-1},y_{t_y-1},\boldsymbol{C})$，其中 h_0 由初始向量和 $\boldsymbol{C}$ 确定．

最后的输出 y_{t_y} 由 h_{t_y}、y_{t_y-1}、$\boldsymbol{C}$ 决定：

$$P=(y_{t_y}\mid y_{t_y-1},y_{t_y-2},\cdots,y_1,\boldsymbol{C})=g(h_{t_y},y_{t_y-1},\boldsymbol{C})\,.$$

f 和 g 都是激活函数，其中 g 一般是 softmax．通常以最大化对数似然条件概率作为训练的目标：

$$\max_{\theta}\frac{1}{N}\sum_{n=1}^{N}\log p_{\theta}(y_n \mid x_n).$$

其中θ为相应模型中的参数，x_n、y_n是相应的输入、输出序列，即这个模型的编码器部分和解码器部分可以同时进行训练．一旦整个模型完成了训练，将有两种方法可以使用它．一种就是给定输入序列，使其生成目标的输出序列；另一种是将其用于评价输入序列与输出序列的匹配情况．

6.4.4 注意力机制

在编码-解码结构中，编码器将输入序列压缩成固定大小的语义向量或是不定长的向量序列．当输入序列的长度过大（如 60 个词），使用一个较短的$\boldsymbol{C}$来概括所有语义细节是非常困难的，需要足够大的 RNN 和足够长的训练时间才能很好地实现．因此需要寻找一种更高效的实现方法，注意力机制应运而生．现在基于注意力机制已经发展出了许多新的模型，逐渐取代了 RNN 和 LSTM 等网络结构．

在 6.4.2 小节介绍的编码-解码结构中添加注意力机制（见图 6-9），实际上就是对每个隐藏单元都生成一个语义向量$\boldsymbol{C}_i$．可以简单地理解为，当输入序列的长度为N时，注意力机制就会产生N个语义向量$\boldsymbol{C}_i$．在这里编码-解码结构中的编码器部分若改为 6.3 节中介绍的双向 RNN，能更好地增强序列前后的关联性特征的提取，即当前输入x_t对应的隐藏层不仅压缩了前面输入的信息，还压缩了后续输入的信息，这对机器翻译等上下文强相关的应用场景是一种更好的选择．

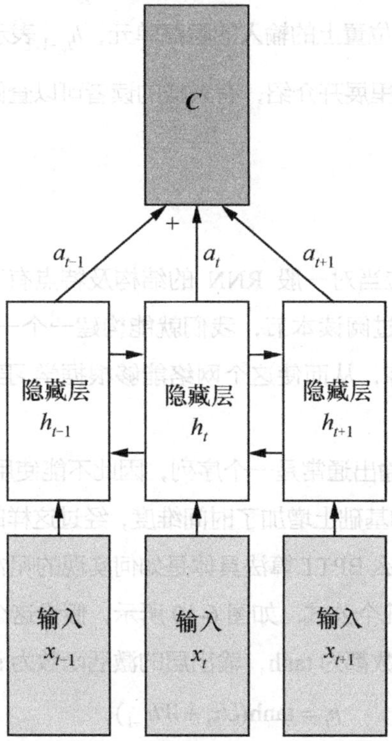

图 6-9 注意力机制

注意力机制的思想是输出的目标序列的某个部分，往往只与输入序列的特点部分相关. 把"注意力"集中到与当前输出 y_{t_y} 相关的输入 x_{t_x} 上（实质上这是一种加权平均），对具有权重 $a_{t_yt_x}$ 的隐藏特征 h_{t_x} 进行求和，形成语义向量 $\boldsymbol{C}_{t_y}$. 与当前输出 y_{t_y} 密切相关的输入 x_{t_x} 对应的隐藏特征 h_{t_x} 将被赋予一个较大的权重，其他输入（如 $x_{t_x+1}, x_{t_x-1}, \cdots$）对应的特征向量（如 $h_{t_x+1}, h_{t_x-1}, \cdots$）随着位置的偏移被赋予的权重逐渐减小.

权重应该如何计算呢？每个输入 x_{t_x} 对于输出 y_{t_y} 的注意力分值 $a_{t_yt_x}$ 乘其对应的隐藏特征 h_{t_x} 再求和后可以得到 $\boldsymbol{C}_{t_y}$：

$$\boldsymbol{C}_{t_y} = \sum_{t_x=1}^{T_x} a_{t_yt_x} h_{t_x}.$$

$a_{t_yt_x}$ 指对于当前的输出 y_{t_y}，输入 x_{t_x} 对其的影响力大小，也就是输出 y_{t_y} 时对输入 x_{t_x} 需要投入的"注意力"大小：

$$a_{t_yt_x} = \frac{\exp(e_{t_yt_x})}{\sum_{k=1}^{T_x} \exp(e_{t_yk})}.$$

这个"注意力"的值，需要由输入 x_{t_x} 在输入序列 x 中的位置与输出 y_{t_y} 在输出序列 y 中的位置计算得出：

$$e_{t_yt_x} = a(h_{t_y-1}, h_{t_x}).$$

$e_{t_yt_x}$ 就是根据输入 x_{t_x} 在输入序列 x 中的位置与输出 y_{t_y} 在输出序列 y 中的位置计算得到的一个数值，h_{t_x} 表示编码器中 t_x 位置上的输入的隐藏单元，h_{t_y-1} 表示解码器中 t_{y-1} 位置上的隐藏状态. 具体的计算过程不在这里展开介绍，有兴趣的读者可以查阅相关论文.

6.5 训练方法

通过前文的介绍，读者应当对一般 RNN 的结构及特点有了大致的了解. 本节将介绍 RNN 中使用的训练方法. 通过阅读本节，我们就能构建一个一般的 RNN，使用 BPTT 等训练方法对神经网络进行训练，从而使这个网络能够根据学习到的权重等参数完成相应的任务.

在 RNN 中，由于输入与输出通常是一个序列，因此不能使用普通的 BP 算法进行参数的更新. BPTT 算法在 BP 算法的基础上增加了时间维度，经过这样的修改，在 RNN 中进行后向传播就不再是一个难题了. 那么 BPTT 算法具体是如何实现的呢？

首先回顾一下 RNN 中的几个公式. 如图 6-10 所示，假设这个 RNN 的隐藏层间存在循环连接，每个隐藏单元的激活函数都为 tanh，输出层的激活函数为 softmax：

$$h_t = \tanh(Ux_t + Wh_{t-1}).$$

$$\hat{y}_t = \text{softmax}(Vh_t).$$

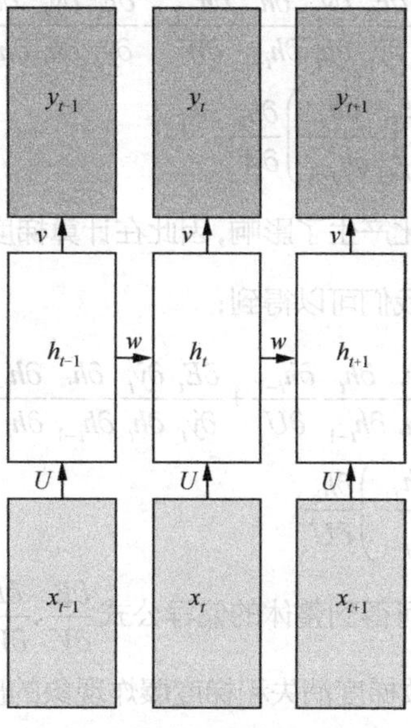

图 6-10 RNN

然后定义损失函数，这里使用前文介绍的交叉熵作为损失函数：

$$E(y,\hat{y})=\sum_t E_t(y_t,\hat{y}_t)=-\sum_t y_t\log\hat{y}_t .$$

y_t为 t 时刻的目标值，$\hat{y}_t$为 t 时刻网络输出的预测值，这里使用交叉熵是为了比较目标值与预测值的差异. 训练的目标就是将交叉熵最小化，即使目标值与预测值的差异最小化. 为了达到这个训练目标，我们需要使用前文介绍的梯度下降算法更新 U、V、W 这 3 个参数.

与一般的神经网络不同，RNN 中的 U 和 W 2 个参数在更新时需要追溯之前时刻的输入，因此我们从相对简单的、只需要关注当前时刻的参数 V 入手.

以 E_t 为例推导 BPTT 这一算法. 首先对 E_t 做关于 V 的偏导：

$$\frac{\partial E_t}{\partial V}=\frac{\partial E_t}{\partial \hat{y}_t}\frac{\partial \hat{y}_t}{\partial V}=\frac{\partial E_t}{\partial \hat{y}_t}\frac{\partial \hat{y}_t}{\partial Vh_t}\frac{\partial Vh_t}{\partial V}=(\hat{y}_t-y_t)\otimes h_t .$$

这里的$\otimes$表示两个向量的外积运算. 从式子中可以得知 $\frac{\partial E_t}{\partial V}$ 的计算只依赖于当前时刻的 $\hat{y}_t$、y_t、h_t. 这几个参数对于我们都是容易得到的，因此求解 $\frac{\partial E_t}{\partial V}$ 实际上就是一个简单的矩阵乘法.

但是，当计算 $\frac{\partial E_t}{\partial W}$ 时，情况却完全不同. 类似上式，我们可以得到：

$$\frac{\partial E_t}{\partial W}=\frac{\partial E_t}{\partial \hat{y}_t}\frac{\partial \hat{y}_t}{\partial h_t}\frac{\partial h_t}{\partial W} .$$

$h_t=\tanh(Ux_t+Wh_{t-1})$ 依赖于前一时刻的 h_{t-1}，而 h_{t-1} 又依赖于 W 和 h_{t-2}，以此类推. 正因如此，我们需要使用链式法则进行计算，最终我们将得到：

$$\frac{\partial E_t}{\partial W}=\frac{\partial E_t}{\partial \hat{y}_t}\frac{\partial \hat{y}_t}{\partial h_t}\frac{\partial h_t}{\partial W}+\frac{\partial E_t}{\partial \hat{y}_t}\frac{\partial \hat{y}_t}{\partial h_t}\frac{\partial h_t}{\partial h_{t-1}}\frac{\partial h_{t-1}}{\partial W}+\frac{\partial E_t}{\partial \hat{y}_t}\frac{\partial \hat{y}_t}{\partial h_t}\frac{\partial h_t}{\partial h_{t-1}}\frac{\partial h_{t-1}}{\partial h_{t-2}}\frac{\partial h_{t-2}}{\partial W}+\cdots$$

$$=\sum_{k=0}^{t}\frac{\partial E_t}{\partial \hat{y}_t}\frac{\partial \hat{y}_t}{\partial h_t}\left(\prod_{j=k+1}^{t}\frac{\partial h_j}{\partial h_{j-1}}\right)\frac{\partial h_k}{\partial W}.$$

由于每个时刻都对梯度的变化产生了影响，因此在计算梯度时应对每个时刻的变化进行求和．相似地，对 $\frac{\partial E_t}{\partial U}$ 进行计算，我们可以得到：

$$\frac{\partial E_t}{\partial U}=\frac{\partial E_t}{\partial \hat{y}_t}\frac{\partial \hat{y}_t}{\partial h_t}\frac{\partial h_t}{\partial U}+\frac{\partial E_t}{\partial \hat{y}_t}\frac{\partial \hat{y}_t}{\partial h_t}\frac{\partial h_t}{\partial h_{t-1}}\frac{\partial h_{t-1}}{\partial U}+\frac{\partial E_t}{\partial \hat{y}_t}\frac{\partial \hat{y}_t}{\partial h_t}\frac{\partial h_t}{\partial h_{t-1}}\frac{\partial h_{t-1}}{\partial h_{t-2}}\frac{\partial h_{t-2}}{\partial U}+\cdots$$

$$=\sum_{k=0}^{t}\frac{\partial E_t}{\partial \hat{y}_t}\frac{\partial \hat{y}_t}{\partial h_t}\left(\prod_{j=k+1}^{t}\frac{\partial h_j}{\partial h_{j-1}}\right)\frac{\partial h_k}{\partial U}.$$

将各项按时刻进行累加后即可得到整体的偏导公式 $\frac{\partial E}{\partial V}$、$\frac{\partial E}{\partial W}$、$\frac{\partial E}{\partial U}$．

但是，这样大量的累乘会导致梯度消失和梯度爆炸现象的出现．梯度爆炸现象是在神经网络中，梯度呈指数级增长，最后到输入时，梯度会非常大，权重更新也会非常大．这里将主要介绍“梯度消失”现象．

在上述例子中，在隐藏单元中使用的激活函数是 tanh．tanh 函数的函数图像和导数图像如图 6-11 所示．可以看到，tanh 将输出压缩在了（−1,1）的范围内，tanh 的导数也在（0,1］的范围内．虽然相较于 sigmoid 函数，tanh 函数的梯度导数较大，但是这样的激活函数还是会导致梯度消失现象的出现．

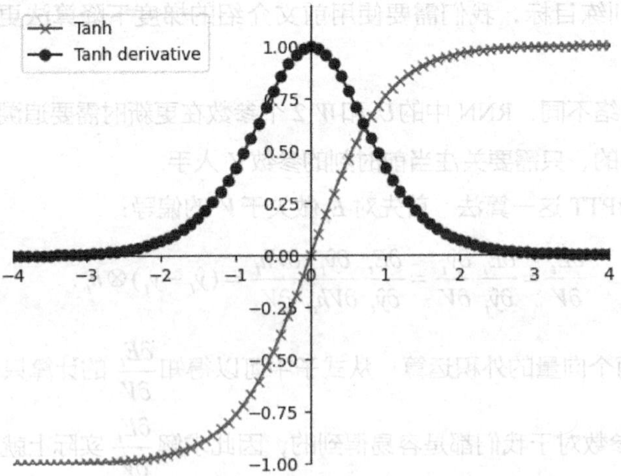

图 6-11　tanh 函数的函数图像和导数图像

什么是梯度消失现象呢？当使用链式法则进行导数的累乘时，会有大量绝对值大于等于 0 而小于等于 1 的小数相乘，得到的结果会越乘越小．当累乘次数足够多（输入序列足够长）时，梯度将接近于 0，这就是梯度消失现象．这种现象在深度神经网络的后向传播中同样存在．当梯度消失后，梯度下降算法将会失效，此时神经网络的参数将不再更新．

因此解决梯度消失是非常必要的．通常，我们解决梯度消失的方法有：

（1）选择更好的激活函数；

（2）改变传播结构.

关于第（1）点，由于在前文中已经进行了介绍，因此在本节中不再展开探讨. 关于第（2）点，LSTM 等网络结构正好能够解决这样的问题，相关内容将在 6.6 节中进行介绍.

除了 BPTT 算法之外，还有 RTRL 算法和扩展卡尔曼滤波（Extended Kalman Filter，EKF）算法等可以用于 RNN 的训练.

6.6 长短期记忆网络

在 6.5 节中提及的 BPTT 算法在实际运用中，往往会出现梯度消失现象. 这会导致 RNN 实际上只能学习到短期的依赖关系，对于长期的依赖关系，传统的 RNN 是难以进行学习的，这样的问题称为长期依赖问题.

本节介绍的长短期记忆网络（LSTM 网络）就是为了解决这样的问题而被提出的.

6.6.1 核心思想

LSTM 网络是 RNN 的一种变体，以改变传播结构来解决长期依赖问题. 区别于传统的 RNN 使用链式法则使得梯度连乘最终导致梯度消失，LSTM 网络将梯度变为累加的形式，从而避免类似问题的发生. LSTM 网络的关键就是细胞状态，LSTM 网络中的一系列操作都是为了更新细胞状态，这个细胞状态将贯穿于整个 LSTM 网络的结构.

6.6.2 网络结构

在一般的 RNN 中，每个重复的结构中都只有一个相对简单的结构，因此 RNN 对于隐藏状态的更新总是相对简单的. 相比于普通 RNN，LSTM 网络的结构复杂得多，如图 6-12 所示. LSTM 网络拥有 3 个“门”，来保护和控制单元状态，因此其对于单元状态的更新总是更为精细.

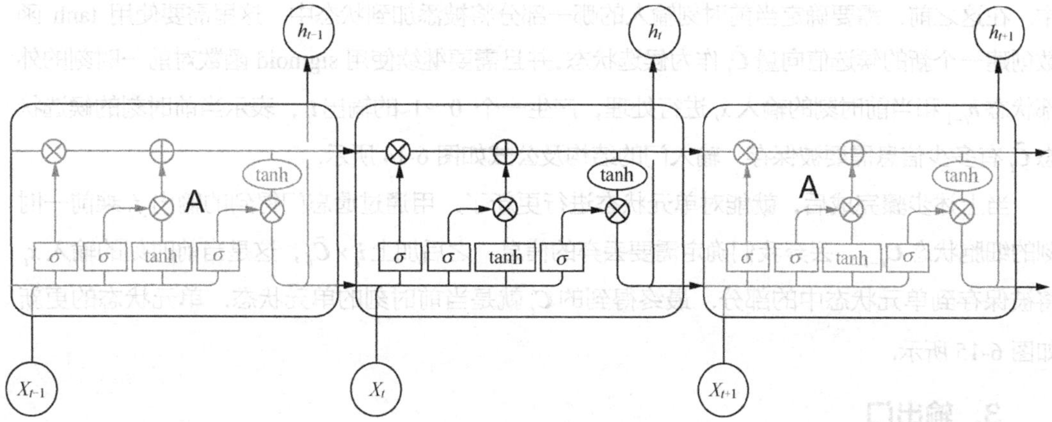

图 6-12 LSTM 网络结构

"门"是一种让信息选择通过方式的方法. LSTM 网络中的"门"是一种"软门",它的取值范围为(0,1),表示以一定的比例允许信息通过. 这里的一个"门"由 sigmoid 函数和一个乘法操作组成.

LSTM 网络中的 3 个"门"分别如下.

(1)遗忘门:决定前一时刻的状态中有多少信息被遗忘;

(2)输入门:决定这个时刻的输入中有多少信息被更新到状态中;

(3)输出门:决定当前时刻的状态中有多少信息被输出.

下面将具体介绍这 3 个门的结构及原理.

1. 遗忘门

在 LSTM 网络中,前一时刻的状态将会传递到当前时刻中,在当前时刻决定抛弃状态中的哪些信息. 这样的操作是通过一个被称为遗忘门的结构完成的. 这个结构将读取前一时刻的外部状态 h_{t-1} 和当前时刻的输入 x_t,通过 sigmoid 函数的处理后,输出一个 0～1 的数值 f_t,将该数值用于控制前一时刻的状态 C_{t-1} 的遗忘程度,"1"表示完全"保留","0"表示完全"舍弃". 遗忘门的结构及公式如图 6-13 所示.

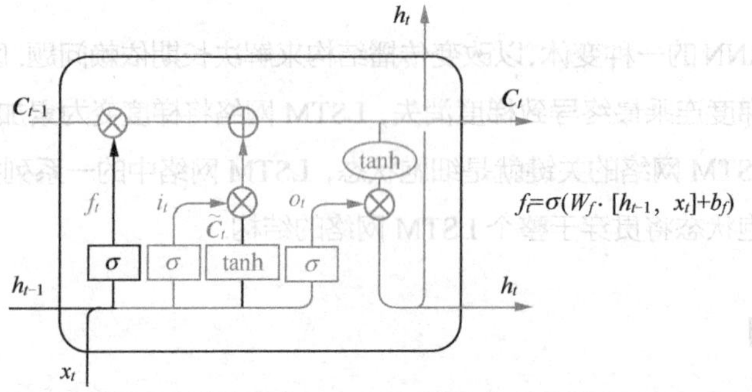

图 6-13 遗忘门的结构及公式

2. 输入门

通过遗忘门对前一时刻的状态进行部分保留后,还需要将当前时刻的输入添加到状态中. 在这之前,需要确定当前时刻输入的哪一部分将被添加到状态中. 这里需要使用 tanh 函数创建一个新的候选值向量 $\tilde{C}_t$ 作为候选状态,并且需要继续使用 sigmoid 函数对前一时刻的外部状态 h_{t-1} 和当前时刻的输入 x_t 进行处理,产生一个 0～1 的输出 i_t,表示当前时刻的候选状态 $\tilde{C}_t$ 有多少信息需要被保存. 输入门的结构及公式如图 6-14 所示.

当上述步骤完成后,就能对单元状态进行更新了. 用通过遗忘门得到的输出 f_t 乘前一时刻的细胞状态 C_{t-1},丢弃我们确定需要丢弃的信息. 之后加上 $i_t \times \tilde{C}_t$,这是当前时刻的输入 x_t 将被保存到单元状态中的部分. 最终得到的 C_t 就是当前时刻的单元状态. 单元状态的更新如图 6-15 所示.

3. 输出门

得到当前时刻的单元状态之后,就能确定当前时刻的输出 h_t 了. 首先使用 sigmoid 函数对前一时刻的外部状态 h_{t-1} 和当前时刻的输入 x_t 进行处理. 之后使用 tanh 函数对当前时刻的单元状态 C_t 进行处理，并且与 sigmoid 函数得到的结果相乘，即可得到输出 h_t . 输出门的结构及公式如图 6-16 所示.

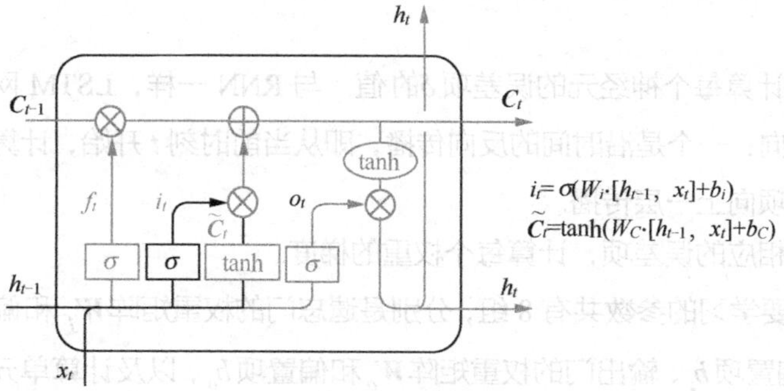

图 6-14　输入门的结构及公式

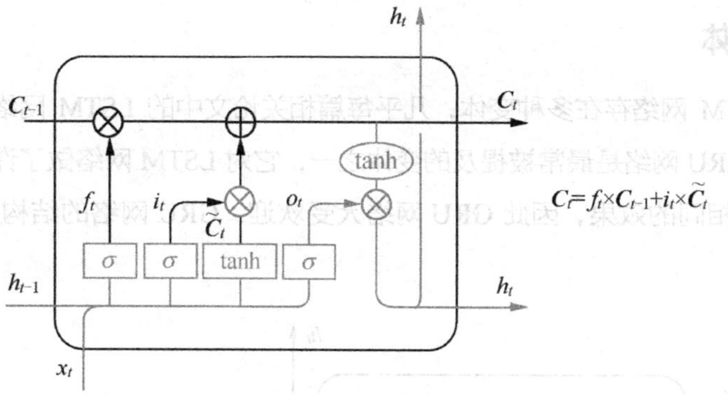

图 6-15　单元状态的更新

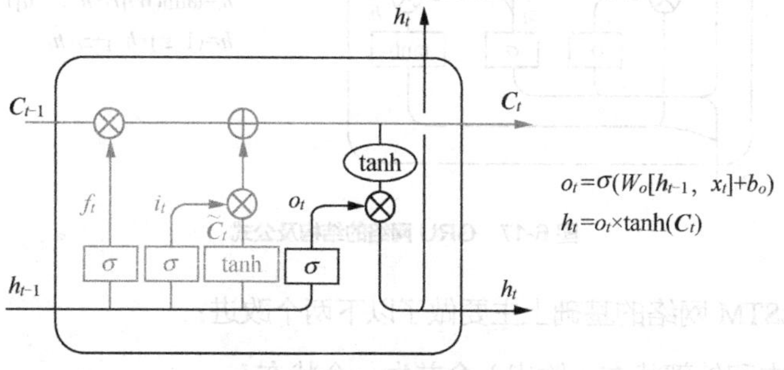

图 6-16　输出门的结构及公式

在这里， h_t 既作为当前时刻的输出，又作为外部状态对之后时刻的网络产生影响. 外部状态存储了历史信息，因此也是一种“记忆”. 在每个时刻中，外部状态 h 都会被重写，因此可以看作一种短期记忆. 单元状态 C 则在每个时刻都获取输入的关键信息进行更新，更新的程度往往远小于外部状态 h ，即其中保存信息的生命周期远远长于短期记忆，但是又远远短于作为网络参数的长期记忆，因此将其称为长短期记忆.

6.6.3 LSTM 网络的训练原理

LSTM 网络的训练算法依然是反向传播算法，主要有以下 3 个步骤.

第 1 步：前向计算每个神经元的输出值. 对 LSTM 网络来说，输出值就是 f_t、i_t、C_t、o_t、h_t 这 5 个向量的值.

第 2 步：反向计算每个神经元的误差项 δ 的值. 与 RNN 一样，LSTM 网络误差项的反向传播也包括两个方向：一个是沿时间的反向传播，即从当前时刻 t 开始，计算每个时刻的误差项；一个是将误差项向上一层传播.

第 3 步：根据相应的误差项，计算每个权重的梯度.

LSTM 网络需要学习的参数共有 8 组，分别是遗忘门的权重矩阵 $\boldsymbol{W}_f$ 和偏置项 b_f、输入门的权重矩阵 $\boldsymbol{W}_i$ 和偏置项 b_i、输出门的权重矩阵 $\boldsymbol{W}_o$ 和偏置项 b_o，以及计算单元状态的权重矩阵 $\boldsymbol{W}_c$ 和偏置项 b_c.

6.6.4 相关变体

事实上，LSTM 网络存在多种变体，几乎每篇相关论文中的 LSTM 网络都有所区别. 在众多的变体中，GRU 网络是最常被提及的变体之一，它对 LSTM 网络做了许多简化，却保持着和 LSTM 网络相同的效果，因此 GRU 网络大受欢迎. GRU 网络的结构及公式如图 6-17 所示.

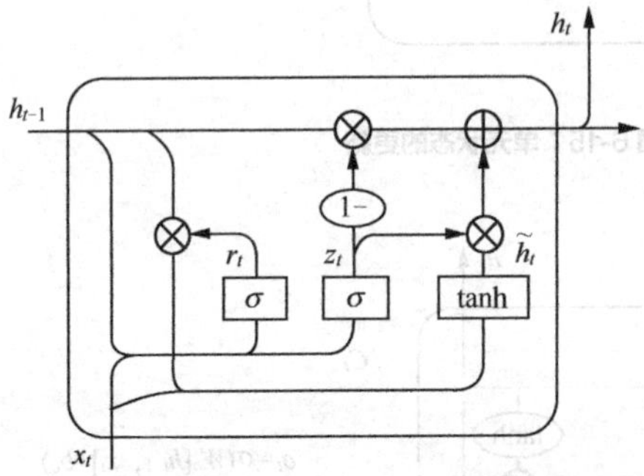

$z_t=\sigma(W_z\cdot[h_{t-1},\ x_t])$

$r_t=\sigma(W_r\cdot[h_{t-1},\ x_t])$

$\tilde{h}_t=\tanh(W\cdot[r_t\times h_{t-1},\ x_t])$

$h_t=(1-z_t)\times h_{t-1}+z_t\times\tilde{h}_t$

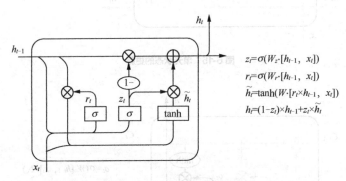

图 6-17 GRU 网络的结构及公式

GRU 网络在 LSTM 网络的基础上主要做了以下两个改进：

（1）将单元状态和外部状态（输出）合并为一个状态 h；

（2）将输入门和遗忘门合并成更新门 z_t，在更新状态 h 时使用重置门 r_t 控制候选状态 $\tilde{h}_t$ 是否依赖于前一时刻的状态 h_{t-1}.

6.7 案例应用

通过前文的介绍，相信读者已经能够构建一个简单的 LSTM 网络，并且对其进行训练. 在本节中将给出基于 LSTM 网络的对联生成器的代码，并对核心代码进行解释和分析，以便读者更为直观地了解如何使用 LSTM 网络完成一个序列相关的任务.

事先准备好语料，按对联上联与下联以空格分隔的格式构建语料. 对联上联作为训练时编码器的输入，对联下联作为解码器的输入并用于损失计算. 示例代码如下.

```
source = open("data/source.txt",'w',encoding="utf-8")
target = open("data/target.txt",'w',encoding="utf-8")

with open("data/couplet.txt",'r',encoding='utf-8') as f:
    lines = f.readlines()
    for line in lines:
        line = line.strip().split(" ")
        source.write(line[0]+'\n')
        target.write(line[1]+'\n')
source.close()
target.close()
```

之后建立一个中文到整数数字的双向转化字典，添加<PAD>进行字符补全，<EOS>和<GO>在解码器中标记句子的起始与结束，<UNK>表示低频词或是未出现的词语. 示例代码如下.

```
def extract_character_vocab(data):
    special_words = ['<PAD>','<UNK>','<GO>','<EOS>']
    set_words = list(set([character for line in data.split('\n') for
character in line]))
    int_to_vocab = {idx:word for idx,word in enumerate(special_words +
set_words)}
    vocab_to_int = {word:idx for idx,word in int_to_vocab.items()}

    return int_to_vocab,vocab_to_int

# 得到输入和输出的字符映射表
source_int_to_letter,source_letter_to_int =
    extract_character_vocab(source_data+target_data)
target_int_to_letter,target_letter_to_int =
    extract_character_vocab(source_data+target_data)

# 将每一行转换成字符 id 的 list
source_int =
      [[source_letter_to_int.get(letter,source_letter_to_int['<UNK>'])
                for letter in line] for line in source_data.split('\n')]
target_int =
```

```
        [[target_letter_to_int.get(letter, target_letter_to_int['<UNK>'])
                    for letter in line] + [target_letter_to_int['<EOS>']]
                    for line in target_data.split('\n')]
```

之后构造编码器，对文字进行嵌入，再输入 LSTM 网络中. 示例代码如下.

```
def get_encoder_layer(
        input_data,
        rnn_size,
        num_layers,
        source_sequence_length,
        source_vocab_size,
        encoding_embedding_size):
    """
    构造编码层
    - input_data: 输入 tensor
    - rnn_size: RNN 单元的隐藏层节点数量
    - num_layers: 堆叠的 RNN 单元数量
    - source_sequence_length: 源数据的序列长度
    - source_vocab_size: 源数据的词典大小
    - encoding_embedding_size: 嵌入的大小
    """

    encoder_embed_input = tf.contrib.layers.embed_sequence(
            input_data,
            source_vocab_size,
            encoding_embedding_size)

    def get_lstm_cell(rnn_size):
        lstm_cell = tf.contrib.rnn.LSTMCell(
            rnn_size,
            initializer=tf.random_uniform_initializer(-0.1,0.1,seed=2))
        return lstm_cell

    cell = tf.contrib.rnn.MultiRNNCell(
            [get_lstm_cell(rnn_size) for _ in range(num_layers)])

    encoder_output , encoder_state = tf.nn.dynamic_rnn(
            cell,
            encoder_embed_input,
```

```
                sequence_length=source_sequence_length,dtype=tf.float32)
    return encoder_output,encoder_state
```

在这里，构造出来的是一个两层的编码器层，每层各有 50 个 RNN 单元的神经网络．之后构造解码器．示例代码如下．

```
def decoding_layer(
    target_letter_to_int,
    decoding_embedding_size,
    num_layers,
    rnn_size,
    target_sequence_length,
    max_target_sequence_length,
    encoder_state,
decoder_input):
    '''
    构造解码器层层
    - target_letter_to_int: target 数据的映射表
    - decoding_embedding_size: embed 向量大小
    - num_layers: 堆叠的 RNN 单元数量
    - rnn_size: RNN 单元的隐藏层节点数量
    - target_sequence_length: target 数据序列长度
    - max_target_sequence_length: target 数据序列最大长度
    - encoder_state:编码端编码的状态向量
    - decoder_input:解码端输入
    '''

    target_vocab_size = len(target_letter_to_int)
    decoder_embeddings = tf.Variable(
   tf.random_uniform([target_vocab_size,decoding_embedding_size]))
    decoder_embed_input =
   tf.nn.embedding_lookup(decoder_embeddings,decoder_input)

    # 构造解码器中的 RNN 单元
    def get_decoder_cell(rnn_size):
        decoder_cell = tf.contrib.rnn.LSTMCell(
       rnn_size,
       initializer=tf.random_uniform_initializer(-0.1,0.1,seed=2))
        return decoder_cell
```

```
cell = tf.contrib.rnn.MultiRNNCell(
     [get_decoder_cell(rnn_size) for _ in range(num_layers)])

# Output 全连接层
# target_vocab_size 定义了输出层的大小
output_layer = Dense(
target_vocab_size,
kernel_initializer=tf.truncated_normal_initializer(
     mean=0.1,
     stddev=0.1))


# 训练解码器
with tf.variable_scope("decode"):
     training_helper = tf.contrib.seq2seq.TrainingHelper(
     inputs = decoder_embed_input,
          sequence_length = target_sequence_length,
          time_major = False)

     training_decoder = tf.contrib.seq2seq.BasicDecoder(
     cell,training_helper,encoder_state,output_layer)
     training_decoder_output,_,_ =
     tf.contrib.seq2seq.dynamic_decode(
          training_decoder,
          impute_finished=True,
          maximum_iterations = max_target_sequence_length)

# 预解码器
# 与训练模型共享参数

with tf.variable_scope("decode",reuse=True):
     start_tokens = tf.tile(
     tf.constant(
          [target_letter_to_int['<GO>']],
          dtype=tf.int32),
     [batch_size],
     name='start_token')
     predicting_helper = tf.contrib.seq2seq.GreedyEmbeddingHelper(
     decoder_embeddings,
     start_tokens,
```

```
            target_letter_to_int['<EOS>'])

        predicting_decoder = tf.contrib.seq2seq.BasicDecoder(
            cell,
            predicting_helper,
            encoder_state,
            output_layer)
        predicting_decoder_output,_,_ =
        tf.contrib.seq2seq.dynamic_decode(
                predicting_decoder,
                impute_finished = True,
                maximum_iterations = max_target_sequence_length)
    return training_decoder_output,predicting_decoder_output
```

在构造解码器时，同时也对目标数据进行了处理，也构造了能够告诉我们每个时间序列的 RNN 输出结果的输出层．之后将构造好的编码器和解码器连接为序列到序列模型．示例代码如下．

```
def seq2seq_model(
        input_data,
        targets,
        lr,
        target_sequence_length,
        max_target_sequence_length,
        source_sequence_length,
        source_vocab_size,
        target_vocab_size,
        encoder_embedding_size,
        decoder_embedding_size,
        rnn_size,
        num_layers):

    _,encoder_state = get_encoder_layer(input_data,
                                        rnn_size,
                                        num_layers,
                                        source_sequence_length,
                                        source_vocab_size,
                                        encoding_embedding_size)

    decoder_input = process_decoder_input(
        targets,
        target_letter_to_int,
```

```
            batch_size)

        training_decoder_output,predicting_decoder_output= decoding_layer(
            target_letter_to_int,
            decoding_embedding_size,
            num_layers,
            rnn_size,
            target_sequence_length,
            max_target_sequence_length,
            encoder_state,
            decoder_input)
        return training_decoder_output,predicting_decoder_output
```

定义误差和优化器后，对模型进行训练并保存训练后的模型．示例代码如下．

```
    # 训练
    train_source = source_int[batch_size:]
    train_target = source_int[batch_size:]

    # 留出一个块进行验证
    valid_source = source_int[:batch_size]
    valid_target = target_int[:batch_size]

    (valid_targets_batch, valid_sources_batch, valid_targets_lengths, valid_
sources_lengths) = next(get_batches(
            valid_target, valid_source, batch_size,
            source_letter_to_int['<PAD>'],
            target_letter_to_int['<PAD>']))

    display_step = 50

    checkpoint = "data/trained_model.ckpt"

    with tf.Session(graph=train_graph) as sess:
        sess.run(tf.global_variables_initializer())
        print()
        for epoch_i in range(1,epochs+1):
            for batch_i,(targets_batch, sources_batch, targets_lengths,
sources_lengths) in enumerate(get_batches(
                train_target,
                train_source,
                batch_size,
                source_letter_to_int['<PAD>'],
```

```
                target_letter_to_int['<PAD>']
            )):
                _,loss = sess.run([train_op,cost],feed_dict={
                    input_data:sources_batch,
                    targets:targets_batch,
                    lr:learning_rate,
                    target_sequence_length:targets_lengths,
                    source_sequence_length:sources_lengths
                })

                if batch_i % display_step == 0:
                    # 计算验证误差
                    validation_loss = sess.run(
                        [cost],
                        {input_data: valid_sources_batch,
                         targets: valid_targets_batch,
                         lr: learning_rate,
                         target_sequence_length: valid_targets_lengths,
                         source_sequence_length: valid_sources_lengths})
                    print('Epoch {:>3}/{} Batch {:>4}/{} - Training Loss:
{:>6.3f}  - Validation loss: {:>6.3f}'
                         .format(epoch_i,
                                 epochs,
                                 batch_i,
                                 len(train_source) // batch_size,
                                 loss,
                                 validation_loss[0]))

        saver = tf.train.Saver()
        saver.save(sess, checkpoint)
        print('Model Trained and Saved')
```

预测时，将保存的模型恢复后再对其进行预测.

```
# 预测
def source_to_seq(text):
    sequence_length = 7
    return [source_letter_to_int.get(
        word,source_letter_to_int['<UNK>']) for word in text] +
        [source_letter_to_int['<PAD>']] * (sequence_length - len(text))


input_word = '戊年祝福万事顺'
text = source_to_seq(input_word)
```

```
checkpoint = "data/trained_model.ckpt"
loaded_graph = tf.Graph()

with tf.Session(graph=loaded_graph) as sess:
    loader = tf.train.import_meta_graph(checkpoint+'.meta')
    loader.restore(sess,checkpoint)

    input_data = loaded_graph.get_tensor_by_name('inputs:0')
    logits = loaded_graph.get_tensor_by_name('predictions:0')
    source_sequence_length =
        loaded_graph.get_tensor_by_name('source_sequence_length:0')
    target_sequence_length =
        loaded_graph.get_tensor_by_name('target_sequence_length:0')

    answer_logits = sess.run(
        logits,
        {input_data: [text] * batch_size,
            target_sequence_length: [len(input_word)] * batch_size,
            source_sequence_length: [len(input_word)] * batch_size})[0]

    pad = source_letter_to_int["<PAD>"]

    print('原始输入:', input_word)

    print('\nSource')
    print('  Word 编号:    {}'.format([i for i in text]))
    print('  Input Words: {}'.format(" ".join([source_int_to_letter[i] for
i in text])))

    print('\nTarget')
    print('  Word 编号:    {}'.format([i for i in answer_logits if i != pad]))
    print('  Response Words: {}'.format(" ".join(
        [target_int_to_letter[i] for i in answer_logits if i != pad])))
```

图 6-18 展示了部分训练过程. 可以看到，在训练的过程中，训练误差几乎不变，验证误差却逐渐上升，出现了过拟合的情况. 出现这种情况的主要原因在于训练的样本数过少，而训练次数过多. 在减少训练次数、增加训练样本后结果有所改善.

最终预测的结果如图 6-19 所示. 由于控制了过拟合的发生，因此模型对于训练样本的拟合程度也不如之前. 可以看到，对联中常用的生肖中的“狗”与干支中的“戌”的对应就被成功地预测到了. 上联中的“万”与下联中的“四”也是对应的，上联中的“顺”与下联中的“荣”

都是表示积极含义的形容词. 由此可见，这个对联生成器最终预测的结果还是相当不错的，但依然存在样本不足引起的过拟合.

```
Epoch 591/2000 Batch    0/4 - Training Loss:  0.004  - Validation loss:  9.769
Epoch 592/2000 Batch    0/4 - Training Loss:  0.004  - Validation loss:  9.770
Epoch 593/2000 Batch    0/4 - Training Loss:  0.004  - Validation loss:  9.772
Epoch 594/2000 Batch    0/4 - Training Loss:  0.004  - Validation loss:  9.773
Epoch 595/2000 Batch    0/4 - Training Loss:  0.004  - Validation loss:  9.775
Epoch 596/2000 Batch    0/4 - Training Loss:  0.004  - Validation loss:  9.777
Epoch 597/2000 Batch    0/4 - Training Loss:  0.004  - Validation loss:  9.778
Epoch 598/2000 Batch    0/4 - Training Loss:  0.004  - Validation loss:  9.780
Epoch 599/2000 Batch    0/4 - Training Loss:  0.004  - Validation loss:  9.781
Epoch 600/2000 Batch    0/4 - Training Loss:  0.004  - Validation loss:  9.783
Epoch 601/2000 Batch    0/4 - Training Loss:  0.004  - Validation loss:  9.784
Epoch 602/2000 Batch    0/4 - Training Loss:  0.004  - Validation loss:  9.786
Epoch 603/2000 Batch    0/4 - Training Loss:  0.004  - Validation loss:  9.788
Epoch 604/2000 Batch    0/4 - Training Loss:  0.004  - Validation loss:  9.789
Epoch 605/2000 Batch    0/4 - Training Loss:  0.004  - Validation loss:  9.791
```

图 6-18　部分训练过程

```
Source
  Word 编号:     [540, 261, 411, 34, 566, 139, 835]
  Input Words: 戌 岁 祝 福 万 事 顺

Target
  Word 编号:          [615, 261, 428, 332, 576, 435, 860]
  Response Words: 狗 岁 喜 衣 四 盈 荣

Process finished with exit code 0
```

图 6-19　最终预测的结果

6.8 本章小结

本章主要介绍了循环神经网络的发展历程和基本概念，并重点讲解了简单循环神经网络、双向循环神经网络、基于编码-解码的序列到序列结构，以及长短期记忆神经网络等，并通过实际的案例加以详细解释.

6.9 习题

1. 请简述简单循环网络和双向循环神经网络的异同.
2. 请简述注意力机制的原理.
3. 请简述 LSTM 网络的基本原理.
4. 请简述 LSTM 网络中遗忘门的原理和作用.
5. 请简述 LSTM 网络中输入门的原理和作用.
6. 请简述 LSTM 网络中输出门的原理和作用. F:\product 2021\yds\21-0234\二校\二校
7. 请将 6.7 节案例应用中的 LSTM 网络用 GRU 网络替代，并实现相同的功能.

07 chapter

自编码器与生成对抗网络

在前文中，介绍了深度神经网络、卷积神经网络、循环神经网络等主要网络结构. 本章将继续介绍另外两种比较重要的神经网络结构，自编码器和生成对抗网络.

7.1 自编码器

7.1.1 自编码器概述

自编码器是一种无监督学习技术，更确切地说，是解决无监督学习的可能方案. 自编码器最开始被作为一种数据的压缩技术，经过训练后能尝试将输入复制到输出. 现在，自编码器的应用很多. 在图像处理方面，其可以用来提取图片的特征，可以用来对较大的网络进行预训练，可以用来做图片检索、图像去噪等；在文本序列方面，用针对序列的模型构造的自编码器可以用来做文本检索、文本翻译等. 总的来说，自编码器是一种无监督的数据维度压缩和数据特征表达方法. 一个典型的自编码器的网络结构如图 7-1 所示.

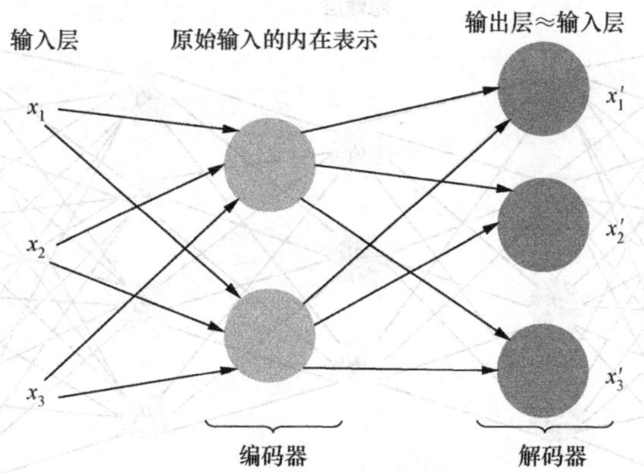

图 7-1 一个典型的自编码器的网络结构

自编码器是神经网络的一种，经过训练后能让输入与输出近似. 神经网络的某一层其实是在拟合某一个函数，因此，该网络可以看作由两部分组成：一个由函数 $h = f(x)$ 表示的编码器，一个生成重构的解码器 $r = g(h)$ ，也就是两个隐藏层. 自编码器内部有一个隐藏层 h，可以生成编码，表示输入的压缩特征. 而另一个隐藏层可以解码之前生成的编码，使输出近似等于输入. 因此，整个自编码器可以用函数 $g(f(x)) = r$ 来描述，其中输出 r 与原始输入 x 相近，这也是自编码器的核心思想.

但是，如果一个自编码器只是简单地学会了 $g(f(x)) = x$ ，也就是使输入等于输出，那么这个自编码器就没什么特别的用处. 所以不应该将自编码器设计成输入和输出完全相等. 这通常需要向自编码器强加一些约束，使它只能近似地复制，并只能复制与训练数据相似的输入. 这些约束强制模型考虑输入数据的哪些特征需要被保留，因此它往往能学习到数据有用的特征.

7.1.2 欠完备自编码器

在普通的自编码器中，输入和输出是完全相同的，希望利用的是中间隐藏层的结果. 如果使用普通的自编码器会面临什么问题呢？例如，输入层和输出层的维度都是 10，中间隐藏层的维度也是 10，那么在不断优化隐藏层参数的过程中，最终得到的参数可能是 $x_1 \to a_1, x_2 \to a_2, \cdots x_1 \to a_1, x_2 \to a_2, \cdots x_1 \to a_1, x_2 \to a_2$．也就是说，中间隐藏层的参数只是完全将输入记忆下来，并在输出时将其记忆的内容完全输出，即神经网络在做恒等映射，产生数据易过拟合．如果中间隐藏层的单元数大于输入维度，也会发生类似的情况，即当隐藏层单元数大于等于输入维度时，网络可以采用完全记忆的方式．虽然这种方式在训练时精度很高，但是复制的输出对我们来说毫无意义．因此，通常会给隐藏层加一些约束，这就产生了欠完备自编码器．

什么是欠完备自编码器呢？从自编码器获得有用特征的一种方法是限制隐藏层的维度比输入的维度小，这种编码维度小于输入维度的自编码器称为欠完备自编码器（见图 7-2）．欠完备自编码器将强制保留训练数据中最显著的特征．理想情况下，欠完备自编码器将学习和描述输入数据的潜在属性．

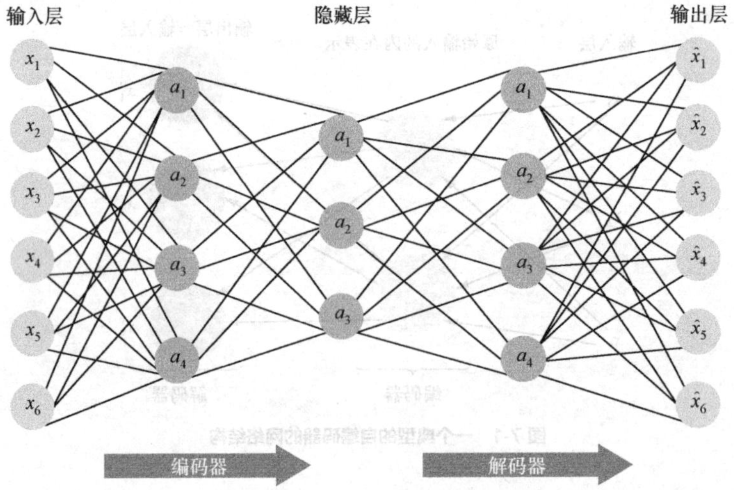

图 7-2　欠完备自编码器

欠完备自编码器有以下特点：

（1）防止过拟合，并且因为隐藏层编码维度小于输入维度，可以学习数据分布中最显著的特征；

（2）若中间隐藏层神经元数特别少，则其表达信息有限，会导致重构过程比较困难．

7.1.3　正则自编码器

不是所有的自编码器都要求中间隐藏层节点数小于输入维度．你可能会想：如果不是，是否会造成过拟合导致自编码器没有应用价值？但是如果使用正则自编码器的话，就可以避免这个问题．

正则自编码器使用的损失函数可以鼓励模型学习其他特性（除了将输入复制到输出），而不必使用浅层的编码器和解码器以及小的编码维度来限制模型的容量．这些特性包括稀疏表示、小导数表征，以及对噪声或输入缺失的表征. 即使模型容量大到足以学习一个无意义的恒等函数，非线性且过完备的正则自编码器仍然能够从数据中学到一些关于数据分布的有用信息. 在实践中，通常会使用两种正则化自编码器：稀疏自编码器和去噪自编码器.

1. 稀疏自编码器

下面介绍稀疏自编码器（见图 7-3）. 若自编码器采用的激活函数是 sigmoid，则当神经元的输出接近于 1 的时候认为神经元被激活，输出接近于 0 的时候认为神经元被抑制. 使得大部分神经元被抑制的限制叫作稀疏性限制. 若自编码器采用的激活函数是 tanh，则当神经元的输出接近于−1 的时候认为神经元是被抑制的.

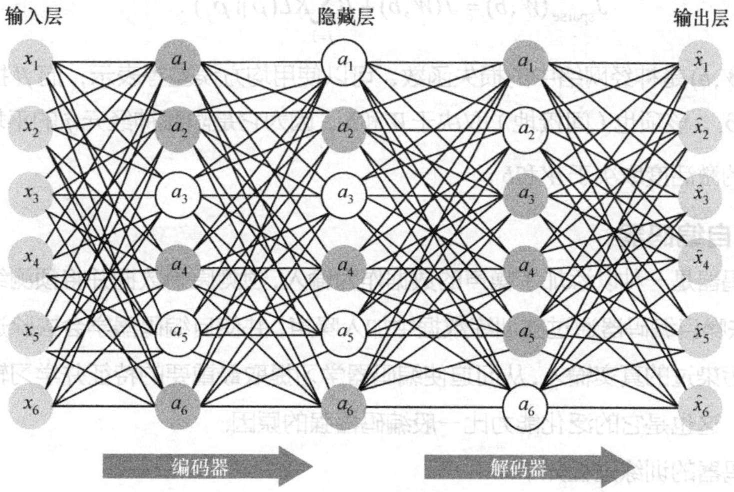

图 7-3 稀疏自编码器

白色的神经元表示被抑制的神经元，深色的神经元表示被激活的神经元. 通过稀疏自编码器，我们没有限制隐藏层的神经元数，但是避免了网络过度记忆的情况.

稀疏自编码器的目标函数结合了编码层的稀疏惩罚 $\Omega(h)$ 和重构误差：$L(x, g(f(x))) + \Omega(h)$. 公式由损失函数和惩罚项两部分组成，其中 L 代表损失函数，$g(h)$ 是解码器的输出，通常 h 是编码器的输出，即 $h = f(x)$. 稀疏自编码器一般用来学习特征，以便用于像分类这样的任务.

损失函数的惩罚项部分可以是 L1 正则化，也可以是 KL 散度. 下面是对加上 KL 散度的损失函数的分析.

假设 $a_j^{(2)}$ 表示隐藏层神经元 j 的激活度，但是这一表示方法中并未明确指出哪一个输入 x 带来了这一激活度，所以我们将使用 $a_j^{(2)}(x)$ 来表示在给定输入 x 的情况下，自编码神经网络隐藏层神经元 j 的激活度. 则神经元在所有训练样本上的平均激活度为

$$\hat{p}_j = \frac{1}{m}\sum_{i=1}^{m}\left[a_j^{(2)}(x^i)\right].$$

其中，$a_j^{(2)} = f(w_j^{(1)}x^{(i)} + b_j^{(1)})$ 表示某一个隐藏层的输出. 我们的目标是使得网络的激活神

经元分布稀疏，所以可以引入一个稀疏性参数 ρ，通常 ρ 是一个接近于 0 的值（表示隐藏层神经元中激活神经元的占比）. 若可以使得 $\hat{\rho}_j=\rho$，则神经元在所有训练样本上的平均激活度 $\hat{\rho}_j$ 便是稀疏的，这就是我们的目标. 为了使得 $\hat{\rho}_j=\rho$，我们使用 KL 散度衡量两者的距离，两者相差越大. KL 散度的值越大，KL 散度的公式如下：

$$\sum_{j=1}^{s_2} KL(\rho \| \hat{\rho}_j) = \sum_{j=1}^{s_2}\left[\rho \log \frac{\rho}{\hat{\rho}_j} + (1-\rho)\log \frac{(1-\rho)}{1-\hat{\rho}_j}\right].$$

其中，s_2 表示隐藏层中神经元的数量，而索引 j 依次代表隐藏层中的每个神经元，ρ 表示平均激活度的目标值. 因此损失函数可以表示如下：

$$J_{\text{sparse}}(W,b) = J(W,b) + \beta \sum_{j=1}^{s_2} KL(\rho \| \hat{\rho}_j) .$$

其中，$J(W,b)$ 是神经网络中的损失函数，可以使用均方误差等表示；而 β 控制稀疏性惩罚因子的权重 $\hat{\rho}_j$，该项也（间接地）取决于 W 和 b，因为它是隐藏神经元 j 的平均激活度，而隐藏层神经元的激活度取决于 W 和 b.

2. 去噪自编码器

去噪自编码器是一种以添加了噪声的数据作为输入，预测原始数据并将预测结果作为输出的自编码器. 去噪自编码器通过向训练数据中加入噪声，并使自编码器学会去除这种噪声以获得没有被噪声污染过的真实输入，从而迫使编码器学习提取最重要的特征并学习输入数据中更加健壮的表征. 这也是它的泛化能力比一般编码器强的原因.

去噪自编码器的训练过程如下.

（1）引入一个损坏过程 $C(\tilde{x} \mid x)$，这个条件分布代表给定数据样本 x 产生损坏样本 $\tilde{x}$ 的概率，自编码器学习重构分布为 $P_{\text{reconstruct}}(\tilde{x}|x)$。

（2）从训练数据中取一个训练样本 x.

（3）从 $C(\tilde{x} \mid X=x)$ 取一个损坏样本 $\tilde{x}$.

（4）将 $(\tilde{x} \mid x)$ 作为训练样本来估计自编码器的重构分布 $P_{\text{reconstruct}}(\tilde{x}|x)=P_{\text{decoder}}(x|h)$，其中 h 是编码器 $f(\tilde{x})$ 的输出，P_{decoder} 根据解码函数 $g(h)$ 定义.

去噪自编码器的开发者给出的直观解释是：和人体感官系统类似，当人通过眼睛看物体时，如果物体的某一小部分被遮住了，人依然能够将其识别出来，所以去噪自编码器就是在破坏输入后，使得通过算法学习到的参数仍然可以还原图片.

噪声可以是添加到输入的纯高斯噪声，也可以是随机丢弃输入层的某个特性. 当随机丢弃输入层的某个特性时，$C(\tilde{x} \mid X=x)$ 会舍去一部分内容，保留一部分内容. 如果你熟悉 Dropout，你会觉得它们很相似，但是二者还是有一些区别.

去噪自编码器操作的是输入数据，相当于对输入数据去掉一部分内容；而 Dropout 操作的是网络隐藏层，相当于去掉隐藏层的一部分神经单元.

Dropout 在分层预训练权值的过程中是不启用的，只是在后面的微调部分会启用；而去噪自编码器是在每层预训练的过程中作为输入被引入，在进行微调时不启用.

去噪自编码器有以下特点.

(1)普通的自编码器的本质是学习一个恒等函数，即输入和输出是同一个内容. 这种自编码器的缺点是当测试样本和训练样本不符合同一个分布时，在测试集上效果不好，而去噪自编码器可以很好地解决这个问题.

(2)欠完备自编码器限制学习容量，而去噪自编码器允许学习容量很高，同时防止编码器和解码器学习一个无用的恒等函数.

(3)经过加入噪声并进行降噪的训练过程，能够强迫网络学习到更加健壮的不变性特征，获得输入更有效的表达.

7.1.4 卷积自编码器

卷积自编码器(Convolutional Auto-Encoder，CAE)是 CNN 的一种类型. CNN 和 CAE 最主要的区别在于前者是进行端到端学习的滤波器，并且将提取的特征进行组合以用来分类. 事实上，CNN 通常被认为是一种监督学习. 相反，后者通常被用来训练从输入数据中提取特征，从而重构输入数据. 由于它们的卷积性质，不管输入数据的维度多大，CAE 产生的激活图的数量都是相同的. 因此，CAE 完全忽略了二维图像本身的结构，而成了一个通用特征提取器. 事实上，在普通自编码器中，图像必须被展开成单个向量，并且网络对输入向量的神经元个数有一定的约束. 换句话说，普通自编码器迫使每个特征是全局的，所以它的参数存在冗余，而 CAE 不是.

在二维离散空间中，因为图像的范围有限，卷积操作可以被定义如下：

$$O(i,j)=\sum_{u=-2k-1}^{2k+1}\sum_{v=-2k-1}^{2k+1}F(u,v)I(i-u,j-v).$$

其中：

$O(i,j)$ 表示输出像素，位置是(i,j)；

$2k+1$ 表示矩形奇数卷积核的一条边；

F 表示卷积核；

I 表示输入图像.

离散二维卷积操作有两个附加参数：水平和垂直移动步数(在执行单个卷积步骤之后，沿着图像 I 的各个维度跳过的像素的数量). 通常，水平和垂直移动步数是相等的，它们被标记为 S.

对于一个正方形的图像 $I_w=I_h$(这是为了简单描述，如果要扩充到一般的矩阵图像，非常方便)，以步数 $2k+1$ 进行离散二维卷积操作之后，我们可以得到如下的图像 O：

$$O_w=O_h=\frac{I_w-(2k+1)}{S}+1$$

到目前为止，我们已经利用了单个卷积核对图像进行灰度级(单通道)的操作. 如果输入图像具有多个通道，即 D 个通道，那么卷积算子要沿着每条通道进行操作.

一般规则下，一个卷积核的输出通道数必须和输入图像的通道数一样. 所以可以概括为，离散二维的卷积是将信号进行堆叠处理.

对于各个维度上的卷积，长方体完全可以用三元组（W, H, D）来表示，其中：

$W \geqslant 1$，表示长度；

$H \geqslant 1$，表示高度；

$D \geqslant 1$，表示深度.

很明显，一个灰度图像可以看作深度 $D=1$ 的长方体，而 RGB 图像可以看作深度 $D=3$ 的长方体.

一个卷积核也可以看作一个具有深度 D 的长方体. 特别地，我们可以将图像和滤波器视为单通道图像/滤波器的集合（与顺序无关）：

$$I = \{I_1, \cdots, I_D\},\ F = \{F_1, \cdots, F_D\} .$$

如果我们考虑图像的深度，那么以前的卷积公式可以概括为

$$O(i, j) = \sum_{d=1}^{D} \sum_{u=-2k-1}^{2k+1} \sum_{v=-2k-1}^{2k+1} F_d(u, v) I_d(i-u, j-v) .$$

在图像上进行卷积之后，得到的结果称为激活图. 激活图是深度 $D=1$ 的长方体.

可能听起来很奇怪，在一个三维图像上的卷积得到的结果是一个二维的结果. 实际上，对于具有深度 D 的输入信号，卷积核执行精确的 D 个离散的二维卷积操作. 对卷积所产生的 D 个二维的激活图进行处理，从而得到一个二维的卷积结果. 以这种方式得到的激活图的每个单位（i, j）包含的信息是提取该位置所有信息的结果.

直观地说，可以将该操作当作将输入的 RGB 通道转换成一个单通道进行输出.

接下来详细介绍卷积自编码器中的编码器和解码器.

1. 编码器

因单个卷积滤波器不能学会提取图像各种各样的特征. 为此，每个卷积层是由 n（超参数）个卷积核组成的，每个卷积核的深度是 D，其中 D 表示输入数据的通道数. 每个具有深度 D 的输入数据 $I = \{I_1, \cdots, I_D\}$ 和 n 个卷积核 $\{F_1^{(1)}, \cdots, F_n^{(1)}\}$ 进行卷积操作，从而产生 n 个等价的特征图，最后产生的通道数也是 n，具体如下：

$$O_m(i, j) = a\left(\sum_{d=1}^{D} \sum_{u=-2k-1}^{2k+1} \sum_{v=-2k-1}^{2k+1} F_{m_d}^{(1)}(u, v) I_d(i-u, j-v)\right) \quad (m = 1, \cdots, n) .$$

为了提高模型的泛化能力，每个卷积都会被非线性函数 a 激活，以这种方式训练得到的网络就可以学习到输入数据的非线性特性：

$$O_m = a(I \times F_m^{(1)} + b_m^{(1)}) \quad (m = 1, \cdots, n) .$$

其中 $b_m^{(1)}$ 表示第 m 个特征图的偏差.

所产生的激活图是对输入数据 I 进行的一个重新编码，使其可以在低维空间表示. 重构之后的数据维度并不是原来 O 的维度，但是参数的数量是从 O_m 中学习来的. 换句话说，这些参数就是 CAE 需要学习的参数.

由于目标是从所产生的特征图中对输入数据 I 进行重构，因此需要一个解码操作. CAE

是一个完全的卷积网络，因此解码操作可以进行再次卷积.

可以使用输入填充来解决卷积操作减少了输出的空间范围的问题，因此不能使用卷积来重建具有相同输入空间范围的信息这个问题. 如果我们用 0 向输入数据 I 进行填充，则经过第一个卷积之后的结果具有比输入数据 I 大的空间范围，经过第二个卷积之后就可以产生和原始空间 I 具有相同空间范围的结果了.

因此我们需要填充的 0 如下：

$$dim(I) = dim(decode(encode(I))) . \quad (7.1)$$

从式 7.1 可以看出，需要对 I 填充 $2(2k+1)-2$ 个 0（每一条边填充 $(2k+1)-1$ 个）. 以这种方式处理，卷积编码将产生数据的宽度和高度等于

$$O_w = O_h = (I_w + 2(2k+1)-2)-(2k+1)+1 = I_w + (2k+1)-1 .$$

2. 解码器

编码器产生的 n 个特征图 $O_m = 1,\cdots,n$ 将被用作解码器的输入，以便从该压缩的信息中重建输入数据 I.

事实上，解码卷积的超参数是由编码框架确定的：由于卷积跨越每个特征图，并且产生 $(2k+1,2k+1,n)$ 的维度，因此经过滤波器 $F^{(2)}$ 之后产生相同的空间范围 I. 需要学习的滤波器数量为 D，因为我们需要重构具有深度 D 的输入图像.

所以，重构的图像 $\tilde{I}$ 是特征图的维度 $Z = (z_{i=1})^n$ 和该卷积滤波器 $F^{(2)}$ 之间卷积的结果：

$$\tilde{I} = a(Z \times F_m^{(2)} + b^{(2)}) .$$

根据前面计算的 0 进行填充，解码卷积之后产生的维度是

$$O_w = O_h = (I_w + (2k+1)-1)-(2k+1)+1 = I_w = I_h .$$

我们的目的是使得输入的维度等于输出的维度，之后就可以使用任意的损失函数来进行计算，例如使用 MSE：

$$MSE(I,\tilde{I}) = \frac{1}{2}\| I - \tilde{I} \|_2^2 .$$

7.1.5 使用 Keras 实现简单的自编码器

接下来，使用 Keras 来建立一个简单的单隐藏层自编码器.

首先，从 Keras 中导入需要的模块，数据集仍使用 MNIST 数据集：

```
from keras.layers import Input, Dense
from keras.models import Model
from keras.datasets import mnist
import numpy as np
import matplotlib.pyplot as plt
```

加载数据：

```
(x_train, _), (x_test, _) = mnist.load_data()
#加载 MNIST 数据集，若本地没有则需先下载 MNIST 数据集
```

接下来对数据进行预处理：

```
x_train = x_train.astype('float32') / 255.
x_test = x_test.astype('float32')  / 255.#对数据进行归一化处理
x_train = x_train.reshape((len(x_train), np.prod(x_train.shape[1:])))
x_test = x_test.reshape((len(x_test), np.prod(x_test.shape[1:])))#
```

最后得到的训练数据与测试数据分别为(60000,784)和(10000,784).

接下来我们定义网络结构：

```
encoding_dim=32
input_img = Input(shape=(784,))
encoded = Dense(encoding_dim, activation='relu')(input_img)
decoded = Dense(784, activation='sigmoid')(encoded)
autoencoder = Model(input_img, decoded)
print autoencoder.summary()
# 定义编码器
encoder = Model(input_img, encoded)
print encoder.summary()
# 定义解码器
encoded_input = Input(shape=(encoding_dim,))
decode_layer = autoencoder.layers[-1]
decoder = Model(encoded_input, decode_layer(encoded_input))
print decoder.summary()
```

运行一下，查看定义好的网络结构，如图 7-4 所示.

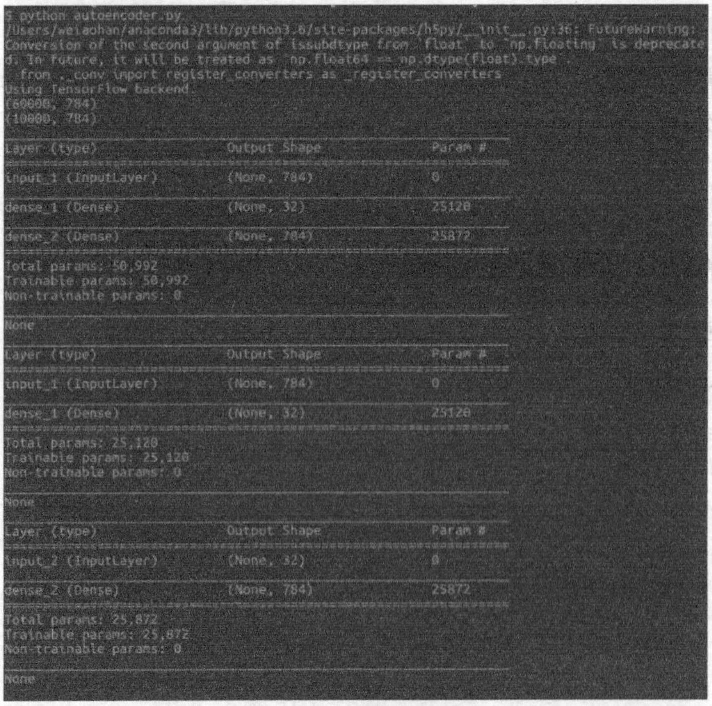

图 7-4 自编码器网络结构

之后就可以开始训练了：

```
autoencoder.compile(optimizer='adam', loss='binary_crossentropy')
autoencoder.fit(x_train,x_train,epochs=50,batch_size=256,shuffle=True,
validation_data=(x_test, x_test))
```

训练过程如图 7-5 所示.

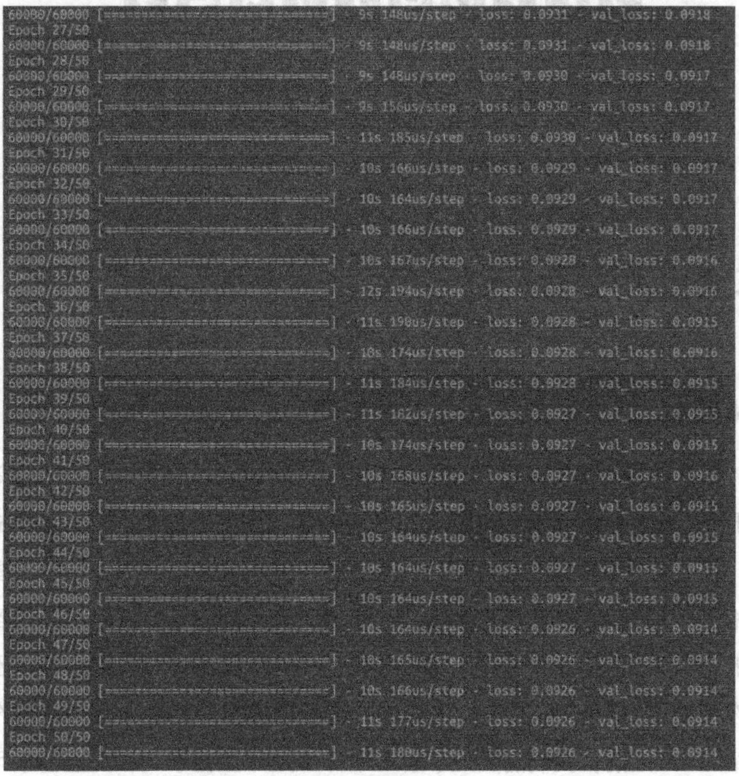

图 7-5　训练过程

最后我们展示一下测试结果：

```
encoded_imgs = encoder.predict(x_test)
decoded_imgs = decoder.predict(encoded_imgs)
n = 10
plt.figure(figsize=(20, 4))
for i in range(n):
    ax = plt.subplot(2, n, i + 1)
    plt.imshow(x_test[i].reshape(28, 28))
    plt.gray()
    ax.get_xaxis().set_visible(False)
    ax.get_yaxis().set_visible(False)
    ax = plt.subplot(2, n, i + 1 + n)
    plt.imshow(decoded_imgs[i].reshape(28, 28))
    plt.gray()
```

```
        ax.get_xaxis().set_visible(False)
        ax.get_yaxis().set_visible(False)
plt.show()
```

测试结果如图 7-6 所示.

图 7-6　测试结果（上面的为原始图片，下面的为自编码器生成的图片）

7.2 生成对抗网络

7.2.1　GAN 概述

最近几年，深度神经网络被广泛用于图像识别、语音识别以及自然语言处理等，并且准确率还很高. 对于精心设计的深度神经网络，已经能够学习到高度复杂的模型和模式. 它们能做的事令人惊叹. 但是人类可以做的远远不止图像识别和语音识别，例如我们可以模仿某位著名画家的绘画风格画一幅画，模仿著名的诗人写一首诗. 如果问你的计算机可以做到这个吗？答案可能出乎你的意料，是的，计算机可以做到这些. GAN 使得计算机完成这些困难的任务成为可能. 如果你了解过 GAN，那么你应该知道，它已经成为深度学习最为重要的一个思想.

在开始介绍 GAN 之前，我们需要先了解一下什么是半监督学习和无监督学习. 通过前文的学习，相信读者已经掌握了什么是无监督学习. 对于半监督学习，我们知道大多数深度学习分类器需要大量的标签样本才能很好地泛化，但获取这些数据的过程往往很艰难. 为了解决这个问题，半监督学习被提出，它是利用少量标记数据和大量未标记数据的分类技术. 许多机器学习研究人员发现，将未标记数据与少量标记数据结合使用时，可以显著提高学习的准确性.

7.2.2　一般的 GAN

从 GAN 的名字我们就可以看出里面有两个重要的概念：一个是生成，一个是对抗. 接下来我们分别解释这两个概念，并介绍一般的 GAN 的整体概念.

概率生成模型，简称生成模型（Generative Model），是概率统计和机器学习中一类重要的模型，指一系列用于随机生成可观测数据的模型. 假设在一个连续的或离散的高维空间 $\mathcal{X}$ 中，存在一个随机向量 $\boldsymbol{X}$ 服从一个位置的数据分布 $\mathcal{P}_r(x), x \in \mathcal{X}$. 生成模型是根据一些可观测的样本 $x^{(1)}, x^{(2)}, \cdots, x^{(N)}$ 学习一个参数化的模型 $\mathcal{P}_\theta(x)$ 来近似未知分布 $\mathcal{P}_r(x)$ ，并利用这个模型来生成一些样本，使得“生成”的样本和“真实”的样本尽可能地相似.

生成模型的应用十分广泛，可以用来对不同类型的数据进行建模，如图像、文本、声音等. 以图像生成为例，我们将图像表示为一个随机向量 $\boldsymbol{X}$，其中每一维都表示一个像素值. 假设自然场景的图像都服从一个未知的分布 $\mathcal{P}_r(x)$，我们希望通过一些观测样本来估计其分布. 高维随机向量一般较难直接建模，需要通过一些条件独立性来简化模型. 但是，自然图像中不同像素之间存在复杂的依赖关系（如相邻像素的颜色一般是相似的），很难用一个明确的图模型来描述其依赖关系，因此直接建模 $\mathcal{P}_r(x)$ 比较困难.

深度生成模型就是利用深度神经网络可以近似任意函数的能力来建模一个复杂的分布 $\mathcal{P}_r(x)$. 而 GAN 就是其中一种深度生成模型.

那么怎么理解对抗呢？GAN 的思想是二人零和博弈（Zero-sum Game），博弈双方的利益之和是一个常数. 例如甲和乙掰手腕，假设总的空间是一定的，甲的力气大一点，那么甲得到的空间就大一点，相应地，乙的空间就小一点，相反，乙力气大，乙得到的空间就大一点，但有一点是确定的——总空间是一定的，即二人博弈的总利益是一定的. 引申到 GAN 里面就可以看成，GAN 中有两个这样的博弈者，一个是生成模型（G），另一个是判别模型（D）. 它们各自有各自的功能. 生成模型生成数据，判别模型试图区分真实数据与生成模型创造出来的假数据. 判别模型会生成一个范围为[0,1]的标量，代表判断数据是真实数据的概率.

在 GAN 中，生成模型通常被称为生成器并且以 $G(z)$ 表示，判别模型通常被称为判别器并且以 $D(z)$ 表示，如图 7-7 所示.

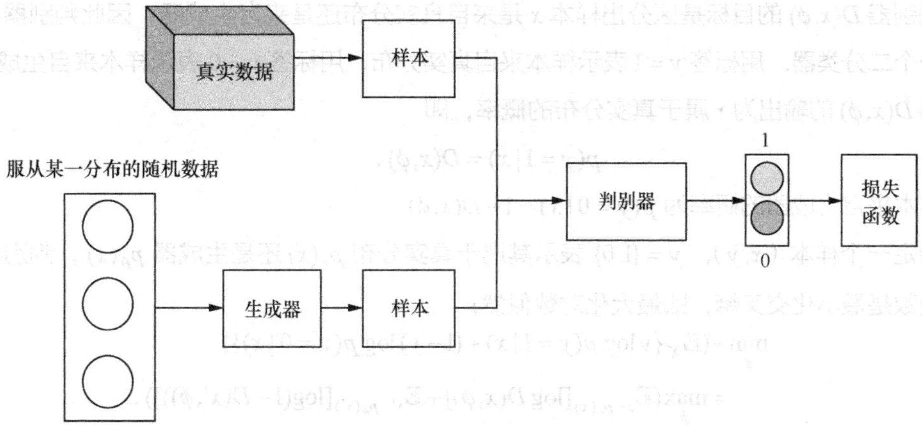

图 7-7 GAN 示意

在平衡点，也就是零和博弈的最优点，判别器认为生成器输出的结果是真实数据的概率为 0.5.

生成器为了学习关于数据 x 的分布 p_g，定义输入噪声的先验变量 $p_z(z)$，然后使用 $G(z;\theta)$ 来代表数据空间的映射. 这里 G 是一个用含有参数 θ 的多层感知机表示的可微函数. 再定义一个多层感知机 $D(x;\phi)$ 来输出一个单独的标量. $D(x)$ 代表 x 来自真实数据分布而不是 p_g 的概率，通过训练 D 来最大化分配正确标签给样本（不管是训练样本还是 G 生成的样本）的概率. 同时训练 G 来最小化 $\log(1-D(G(z)))$. 换句话说，D 和 G 的训练是关于值函数 $V(G,D)$ 的极小化、极大化的零和博弈问题：

$$\min_G \max_D V(D,G) = \mathbb{E}_{x\sim p_{\text{data}}(x)}[\log D(x)] + \mathbb{E}_{z\sim p_z(z)}[\log(1-D(G(z)))] .$$

下面讲这个公式的意义.

首先固定 G 训练 D：

$$\max_D (\mathbb{E}_{x\sim p_{\text{data}}(x)}[\log D(x)] + \mathbb{E}_{z\sim p_z(z)}[\log(1-D(G(z)))]) .$$

（1）训练 D，它希望这个式子的值越大越好. 希望真实数据被 D 分成 1，生成数据被 D 分成 0.

第一项，如果有一个真实数据被分错，那么 $\log(D(x)) \ll 0$，期望会变成负无穷大.

第二项，如果生成数据被错分成 1，那么期望也会变成负无穷大.

很多数据被分错的话，就会出现很多负无穷，那样可以优化的空间还有很多. 可以修正参数，使 V 的数值增大.

（2）训练 G，它希望 V 的值越小越好，让 D 分不出真假数据.

因为目标函数的第一项不包含 G，是常数，所以可以直接忽略.

对 G 来说 它希望 D 在划分的时候能够越大越好，它希望生成数据被 D 划分为 1（真实数据）. 具体公式见后面生成器的相关内容.

接下来讨论判别器和生成器.

（1）判别器

判别器 $D(x,\phi)$ 的目标是区分出样本 x 是来自真实分布还是来自生成器，因此判别器实际上是一个二分类器. 用标签 $y=1$ 表示样本来自真实分布，用标签 $y=0$ 表示样本来自生成器，判别器 $D(x,\phi)$ 的输出为 x 属于真实分布的概率，即

$$p(y=1\mid x) = D(x,\phi) .$$

样本来自生成器的概率为 $p(y=0\mid x) = 1-D(x,\phi)$.

给定一个样本（x, y），$y=\{1,0\}$ 表示其属于真实分布 $p_r(x)$ 还是生成器 $p_\theta(x)$，判别器的目标函数是最小化交叉熵，即最大化对数似然：

$$\begin{aligned}&\min_\phi -(\mathbb{E}_X\{y\log p(y=1\mid x) + (1-y)\log p(y=0\mid x)\}) .\\ &= \max_\phi (\mathbb{E}_{x\sim p_r(x)}[\log D(x,\phi)] + \mathbb{E}_{x'\sim p_\theta(x')}[\log(1-D(x',\phi))]) .\\ &= \max_\phi (\mathbb{E}_{x\sim p_r(x)}[\log D(x,\phi)] + \mathbb{E}_{z\sim p(z)}(\log(1-D(G(z,\theta),\phi)))) .\end{aligned}$$

其中 θ 和 ϕ 是生成器与判别器的参数.

（2）生成器

生成器的目标刚好和判别器相反，即让判别器将自己生成的样本判别为真实样本：

$$\begin{aligned}&\max_\theta \mathbb{E}_{z\sim p(z)}[\log(D(G(z,\theta),\phi))]\\ &= \min_\theta (\mathbb{E}_{z\sim p(z)}[\log(1-D(G(z,\theta),\phi))]) .\end{aligned}$$

上面两个目标函数是等价的，但是因为第一个目标函数梯度性质更好，所以在实际训练中，一般使用第一个目标函数.

和单目标的优化任务相比，GAN 的两个网络的优化目标刚好相反．因此 GAN 的训练比较难，通常不太稳定．一般情况下，需要平衡两个网络的能力．对判别网络来说，一开始的判别能力不能太强，否则难以提升生成网络的能力；但是也不能太弱，否则针对它训练的生成网络也不会太好．在训练时需要使用一些技巧，使得在每次迭代中，判别网络比生成网络的能力强一些，但又不能强太多．

GAN 训练算法如图 7-8 所示．每次迭代时，判别网络更新 Q 次而生成网络更新一次，即首先要保证判别网络足够强才能开始训练生成网络．在实践中 Q 是一个超参数，其取值一般取决于具体任务．

输入： 训练集Ω，对抗训练迭代次数P，每次判别网络的训练迭代次数Q，小批量样本数量M

随机初始化θ、ϕ;
for $t \leftarrow 1$ to P **do**
  // 训练判别网络$D(x,\phi)$
  for $k \leftarrow 1$ to Q **do**
    //采样小批量训练样本
    从训练集Ω中采集M个样本$\{x^{(m)}\}, 1 \leqslant m \leqslant M$;
    从分布$\mathcal{N}(\mathbf{0}, \boldsymbol{I})$中采集$M$个样本$\{z^{(m)}\}, 1 \leqslant m \leqslant M$;
    使用随机梯度上升更新ϕ，梯度为
    $\frac{\partial}{\partial \theta}\left[\frac{1}{M}\sum_{m=1}^{M}\left(\log D\left(x^{(m)}, \phi\right) + \log\left(1 - D\left(G\left(z^{(m)}, \theta\right), \phi\right)\right)\right)\right]$
  end for
  //训练生成网络$G(z,\theta)$
  从分布$\mathcal{N}(\mathbf{0}, \boldsymbol{I})$中采集$M$个样本$\{z^{(m)}\}, 1 \leqslant m \leqslant M$;
  使用随机梯度上升更新ϕ，梯度为
  $\frac{\partial}{\partial \phi}\left[\frac{1}{M}\sum_{m=1}^{M} D\left(G\left(z^{(m)}, \theta\right), \phi\right)\right]$;
end for

图 7-8 GAN 训练算法

7.2.3 CGAN

通过介绍一般的 GAN 模型，我们知道，GAN 不需要预先建模，与其他生成式模型相比，GAN 这种竞争的方式不再要求一个假设的数据分布，而是使用一种分布直接进行采样，从而真正达到理论上可以完全逼近真实数据，这也是 GAN 最大的优势．但是对于较大的输入数据，如较大的图片，其中包含许多像素点时，GAN 就不太可控．为了解决这个问题，Mehdi Mirza 和 Simon Osindero 在 2014 年提出了条件生成对抗网络（Conditional Generative Adversarial Network，CGAN），在生成模型 G 和判别模型 D 中同时加入条件约束 y 来引导数据的生成过程．条件可以是任何补充的信息，如类标签、其他模态的数据等，这样使得 GAN 能够更好地被应用于跨模态问题，例如图像自动标注．

把原始 GAN 中的概率改为条件概率，我们就得到了 CGAN 模型：

$$\min_G \max_D V(D,G) = \mathbb{E}_{x \sim p_{\text{data}}(x)}[\log D(x \mid y)] + \mathbb{E}_{x \sim p_z(z)}[\log(1 - D(G(z \mid y)))].$$

一个简单的 CGAN 模型如图 7-9 所示．

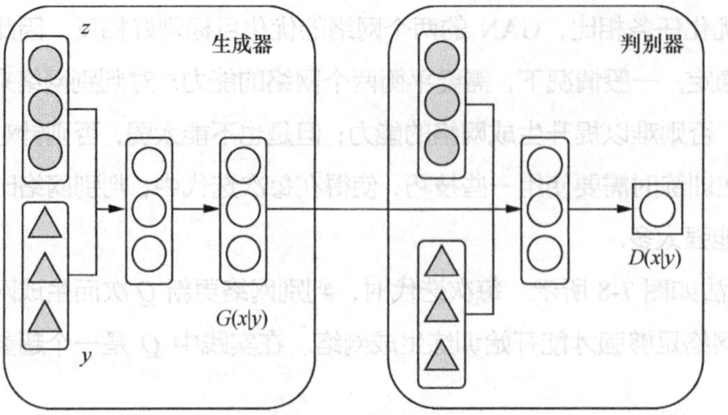

图 7-9　CGAN 模型

接下来，我们通过使用 MNIST 数据集，说明 CGAN 是如何工作的.

在 MNIST 数据集上以类别标签为条件（one-hot 编码）训练 CGAN，可以根据标签条件信息生成对应的数字. 生成模型的输入是 100 维服从均匀分布的噪声向量，条件变量 y 是类别标签的 one-hot 编码. 噪声 z 和标签 y 分别映射到隐藏层（200 和 1000 个单元），在映射到第二层前，联合所有 1200 个单元. 最终有一个 sigmoid 生成模型的输出（784 维），即 28 像素×28 像素的单通道图像. 判别模型则把输入图像 x 和标签 y 分别映射到 maxout 层，再把所有隐藏层在 sigmoid 层之前联合起来，输入 sigmoid，最终的输出是该样本 x 来自训练集的概率. CGAN 在 MNIST 数据集上的输出如图 7-10 所示.

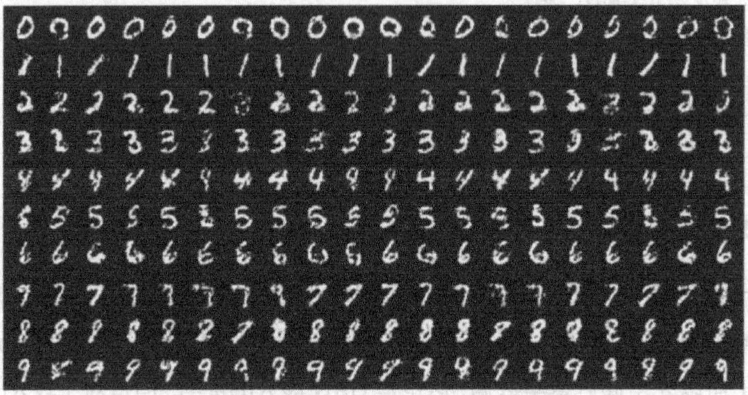

图 7-10　CGAN 在 MNIST 数据集上的输出

这里需要说明一下，什么是 maxout 层呢？简单地说，maxout 是深度学习网络中的一层网络，就像池化层、卷积层一样，我们可以把 maxout 看成网络的激活函数层. 通常情况下，如果激活函数采用 sigmoid 函数，在前向传播过程中，隐藏层节点的输出表达式为 $h_i(x) = sigmoid(\boldsymbol{x}^{\mathrm{T}}\boldsymbol{W}_{\dots i} + b_i)$. 其中 $\boldsymbol{W}$ 一般是二维的，这里表示取出的是第 i 列，下标 i 前的省略号表示对应第 i 列中的所有行. 但如果采用 maxout 激活函数，则其隐藏层节点的输出表达式为

$$h_i(x) = \max_{j\in[1,k]} z_{ij} .$$

$$\text{where } z_{ij} = \boldsymbol{x}^{\mathrm{T}} \boldsymbol{W}_{\cdots ij} + b_{ij}, \text{and } W \in \mathbb{R}^{d \times m \times k}.$$

这里的W是三维的，尺寸为$d \times m \times k$，其中d表示输入层节点的个数，m表示隐藏层节点的个数，k表示每个隐藏层节点对应了k个"隐隐藏层"节点，这k个"隐隐藏层"节点都是线性输出的，而maxout的每个节点就是取这k个"隐隐藏层"节点输出值中最大的那个值. 因为激活函数中有了max操作，所以整个maxout网络也是一种非线性的变换. 因此当我们看到常规结构的神经网络时，如果它使用了maxout激活函数，则我们头脑中应该自动将这个"隐隐藏层"节点加入.

7.2.4 DCGAN

深度卷积生成对抗网络（Deep Convolutional Generative Adversarial Network，DCGAN）是GAN的一种延伸，其将卷积神经网络引入生成式模型中来做无监督的训练，利用卷积神经网络强大的特征提取能力来提高生成网络的学习效果.

DCGAN有以下几个特点.

（1）在判别器中使用步数卷积来取代池化层，在生成器中使用转置卷积.

（2）除了生成器的输出层和判别器的输入层，在网络其他层上都使用了批归一化（Batch Normalization，BN）.

（3）去除了架构中较深的全连接隐藏层，直接使用卷积层连接生成器和判别器的输入层和输出层，并且在最后只使用简单的平均池化.

（4）在生成器的输出层使用tanh激活函数，而在其他层使用ReLU激活函数. 在判别器的所有层中都使用Leaky ReLU作为激活函数.

整个DCGAN模型的结构如图7-11所示.

下面是对生成器与判别器的详细描述.

（1）对于生成器（图7-11中上半部分），第一层是输入层，输入是服从均匀分布的100维向量. 后面4层为转置卷积层，除输出层外，其他所有层后都紧接着BN和ReLU函数进行激活. 转置卷积的步长为2，转置卷积运算操作的步长定义了输出层的大小. 当使用same卷积且步长为2时，输出特征图的大小将是输入层的大小的两倍.

最后一层输出一个64×64×3的张量并使用 tanh 函数将值压缩为−1～1.

（2）判别器也是一个带有BN（输入层除外）的4层CNN，并使用Leaky ReLU函数进行激活. 在基本的GAN结构中，有许多激活函数能正常工作，但是Leaky ReLU尤为受欢迎，因为它可以使得梯度在结构中更容易传播. 常规ReLU函数通过将负值截断为0起作用. 这可能有阻止梯度在网络中传播的效果. 然而，在输入负值时，Leaky ReLU函数值不为0，因此允许一个小的负值通过. 也就是说，该函数计算的是输入特征和一个极小因子之间的最大值. 一开始，判别器会收到一个32×32×3的图像张量. 与生成器相反，判别器执行一系列步长为2的常规卷积运算. 每经过一次卷积，特征向量的空间维度就会减少一半，而训练的卷积核数量会加倍. 最后，判别器需要输出概率. 为此，在最后一层使用sigmoid激活函数.

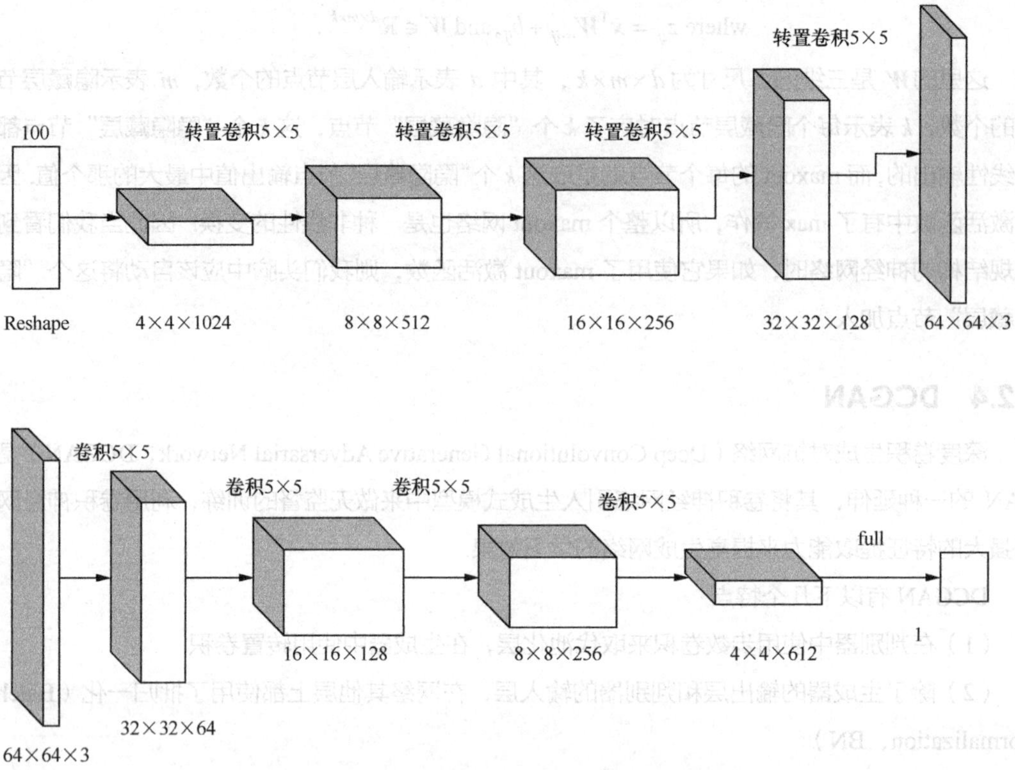

图 7-11 整个 DCGAN 模型的结构

DCGAN 在 Keras 上的实现可以在 Github 上找到. 可以通过以下命令启动模型的训练和生成.

请确保已经安装了相应的依赖.

通过下面的命令来启动模型的训练和生成：

```
python dcgan.py -mode train -batch_size <batch_size>
python dcgan.py -mode generate -batch_size <batch_size> --nice
```

接下来我们来看代码. 生成器的代码如下：

```
def generator_model():
    model = Sequential()
    #全连接层，接收 100 维的向量，通过 tanh 激活函数，输出 1024 维的向量
    model.add(Dense(input_dim=100, output_dim=1024))
    model.add(Activation('tanh'))
    #利用批归一化生成 128×7×7 的输出数据. 对数据做批归一化，使得数据满足均值为 0、方差
    为 1 的正态分布. 其主要作用是缓解训练中的梯度消失/梯度爆炸现象，减少初始化不佳带来
    的问题，加快模型的训练速度，通常能产生准确的结果
    model.add(Dense(128*7*7))
    model.add(BatchNormalization())
    model.add(Activation('tanh'))
    #通过 Reshape() 函数，生成 128×7×7（128 通道，宽度为 7，高度为 7）的数据
```

```
        model.add(Reshape((7, 7, 128), input_shape=(128*7*7,)))
        #通过 UpSampling2D()函数上采样，可以将一个点映射成一个 2×2 的矩阵
        model.add(UpSampling2D(size=(2, 2)))
        #64 个卷积核，大小为 5×5，使用 tanh 作为激活函数，并使填充方式为 same
        model.add(Conv2D(64, (5, 5), padding='same'))
        model.add(Activation('tanh'))
        #再次进行上采样
        model.add(UpSampling2D(size=(2, 2)))
        model.add(Conv2D(1, (5, 5), padding='same'))
        model.add(Activation('tanh'))
        #整个网络中没有使用池化层
        return model
```

判别器的代码如下：

```
    def discriminator_model():
        model = Sequential()
        #判别器的输入为 28×28×1 的 MNIST 图像，之后是卷积核（大小为 5×5），个数分别为 64 与
        128 的卷积层，以及两个最大池化层，池化层的步长为 2
        model.add(
                Conv2D(64, (5, 5),
                padding='same',
                input_shape=(28, 28, 1))
                )
        model.add(Activation('tanh'))
        model.add(MaxPooling2D(pool_size=(2, 2)))
        model.add(Conv2D(128, (5, 5)))
        model.add(Activation('tanh'))
        model.add(MaxPooling2D(pool_size=(2, 2)))
        #将卷积之后的数据压缩成一维，送入全连接层
        model.add(Flatten())
        model.add(Dense(1024))
        model.add(Activation('tanh'))
        #输出层用来预测真伪，因此使用 sigmoid 激活函数
        model.add(Dense(1))
        model.add(Activation('sigmoid'))
        return model
```

通过阅读代码可以知道，生成器与判别器采用的损失函数都是 binary_crossentropy. 经过 100 个 epoch 的训练，生成器学会了制作伪造的数字. 图 7-12（a）、图 7-12（b）和图 7-12（c）所示为第 0 个 epoch、第 50 个 epoch 以及第 99 个 epoch 的训练情况，图 7-12（d）则展示了加上参数 nice 后生成效果最好的图片.

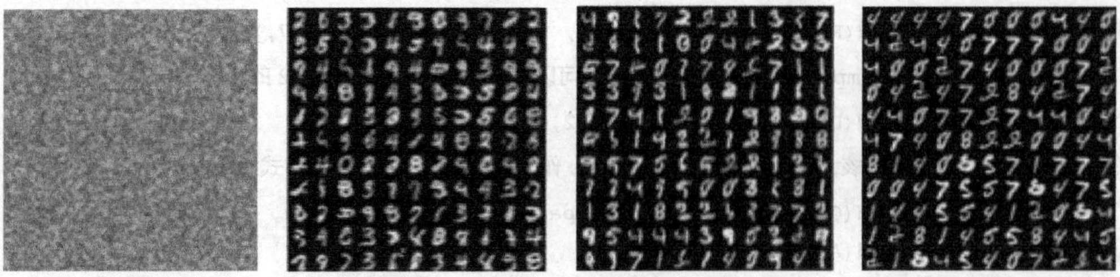

（a）第0个epoch （b）第50个epoch （c）第99个epoch （d）生成效果最好的图片

图 7-12 生成效果

7.3 本章小结

本章介绍了常见的自编码器、基本的 GAN 的概念及其思想，还介绍了 CGAN、DCGAN 等其他类型的生成对抗网络模型．通过本章内容的学习，读者应能够使用 Keras 建立自己的自编码器与 GAN 模型，并进行训练与预测．

7.4 习题

1. 请简述欠完备自编码器、正则自编码器和卷积自编码器的异同及应用场景．
2. 请解释 GAN 目标函数的意义．
3. 请简述 GAN 的训练过程．
4. 请简述 CGAN 中生成器与判别器的训练过程．
5. 请简述 DCGAN 中生成器与判别器的训练过程．

参考文献

[1] 腾讯研究院, 中国信息通信研究院互联网法律研究中心, 腾讯 AI Lab, 等. 人工智能[M]. 北京: 中国人民大学出版社, 2017.

[2] 李航. 统计学习方法[M]. 北京: 清华大学出版社, 2012.

[3] 雷明. 机器学习与应用[M]. 北京: 清华大学出版社, 2018.

[4] 周志华. 机器学习[M]. 北京: 清华大学出版社, 2016.

[5] 猿辅导研究团队. 深度学习核心技术与实践[M]. 北京: 电子工业出版社, 2018.

[6] 傅英定, 谢云荪. 微积分[M]. 北京: 高等教育出版社, 2009.

[7] 黄廷祝, 成孝予. 线性代数与空间解析几何（第四版）学习指导教程[M]. 北京: 高等教育出版社, 2015.

[8] 徐全智, 吕恕. 概率论与数理统计[M]. 北京: 高等教育出版社, 2010.

[9] Hubel D H, Wiesel T N. Receptive fields of single neurons in the cat's striate cortex[J]. The Journal of Physiology，1959, 148(3): 574-591.

[10] 吴茂贵, 王冬, 李涛, 等 Python 深度学习基于 TensorFlow[M]. 北京: 机械工业出版社, 2018.

[11] Hubel D H, Wiesel T N. Receptive fields, binocular interaction and functional architecture in the cat's visual cortex[J]. The Journal of physiology, 1962, 160(1): 106-154.

[12] Fukushima K. Neocognitron: A self-organizing neural network model for a mechanism of pattern recognition unaffected by shift in position[J]. Biological Cybernetics, 1980, 36(4):193-202.

[13] LeCun Y, Bottou L, Bengio Y, et al. Gradient-based learning applied to document recognition[J]. Proceedings of the IEEE, 1998, 86(11): 2278-2324.

[14] Krizhevsky A, Sutskever I, Hinton G E. Imagenet classification with deep convolutional neural networks[C]//Advances in neural information processing systems. 2012: 1097-1105.

[15] Simonyan K, Zisserman A. Very deep convolutional networks for large-scale image recognition[J]. ICLR 2015.

[16] He K, Zhang X, Ren S, et al. Deep residual learning for image recognition[C]. Proceedings of the IEEE conference on computer vision and pattern recognition. 2016: 770-778.

[17] Redmon J, Divvala S, Girshick R, et al. You only look once: Unified, real-time object detection[C]. Proceedings of the IEEE conference on computer vision and pattern recognition. 2016: 779-788.

[18] Redmon J, Farhadi A. YOLO9000: better, faster, stronger[C]. Proceedings of the IEEE conference on computer vision and pattern recognition. 2017: 7263-7271.

[19] Kyunghyun Cho, Bart van Merrienboer, Caglar Gulcehre etc, Learning Phrase Representations using RNN Encoder–Decoder for Statistical Machine Translationr, 2014 Conference on Empirical Methods in Natural

Language Processing (EMNLP), Doha, Qatar, 2014.
[20] Ilya Sutskever, Oriol Vinyals, Quoc V. Le ,Sequence to Sequence Learning with Neural Networks Sequence to Sequence Learning with Neural Networks[C]. NIPS. MIT Press, 2014.
[21] Bahdanau D, Cho K, Bengio Y. Neural Machine Translation by Jointly Learning to Align and Translate[J]. Computer Science, 2014.
[22] Luong M T, Pham H, Manning C D. Effective Approaches to Attention-based Neural Machine Translation[J]. Computer ence, 2015.
[23] Jonas Gehring, Michael Auli, David Grangier, Denis Yarats, Yann N. Dauphin ,Convolutional Sequence to Sequence learning Convolutional Sequence to Sequence Learning, 34th International Conference on Machine Learning, Sydney, Australia, PMLR 70, 2017.
[24] Ashish Vaswani, Noam Shazeer,etc, Attention Is All You Need Attention Is All You Need[J]. 31st Conference on Neural Information Processing Systems (NIPS 2017), Long Beach, CA, USA, 2017.
[25] Zhou C, Bai J, Song J, et al. ATRank: An Attention-Based User Behavior Modeling Framework for Recommendation[J]. 2017.
[26] Miller A, Fisch A, Dodge J, et al. Key-Value Memory Networks for Directly Reading Documents[C]. 2016.
[27] Ian J. Goodfellow, Jean Pouget-Abadie, Mehdi Mirza.. Generative Adversarial Networks: Cornell University Library, 2014.
[28] 王坤峰, 左旺孟, 谭营, 等. 生成式对抗网络：从生成数据到创造智能[J]. 自动化学报, 2018.